El Hacen Ahmed Salem Moctar

COMUNAS DE NOUAKCHOTT - MAURITÂNIA: ENTRE O DESERTO E AS MARÉS

El Hacen Ahmed Salem Moctar

COMUNAS DE NOUAKCHOTT - MAURITÂNIA: ENTRE O DESERTO E AS MARÉS

ScienciaScripts

Imprint
Any brand names and product names mentioned in this book are subject to trademark, brand or patent protection and are trademarks or registered trademarks of their respective holders. The use of brand names, product names, common names, trade names, product descriptions etc. even without a particular marking in this work is in no way to be construed to mean that such names may be regarded as unrestricted in respect of trademark and brand protection legislation and could thus be used by anyone.

Cover image: www.ingimage.com

This book is a translation from the original published under ISBN 978-620-6-71901-4.

Publisher:
Sciencia Scripts
is a trademark of
Dodo Books Indian Ocean Ltd. and OmniScriptum S.R.L publishing group

120 High Road, East Finchley, London, N2 9ED, United Kingdom
Str. Armeneasca 28/1, office 1, Chisinau MD-2012, Republic of Moldova, Europe
Printed at: see last page
ISBN: 978-620-7-96085-9

AS COMUNAS DE NOUAKCHOTT-MAURITÂNIA: ENTRE O DESERTO E AS LAGOAS COSTEIRAS
A: LAGOA EM SOLOS HALOMÓRFICOS COM CROSTA SALINA NO BORDO B: LAGOA INTER-DUNAR

C : LAGOA DEPRIMIDA E SEBKHAD : LAGOA DA BIODIVERSIDADE

JULHO DE 2024, POR, PR DES UNIVERSITES MOCTAR EL HACEN AHMED SALEM

ÍNDICE DE CONTEÚDOS

INTRODUÇÃO

Nouakchott, a capital da Mauritânia, foi criada ex nihilo num ambiente constituído por sebkhas, baixios e dunas continentais, ao longo de uma costa muito rectilínea. As condições climáticas ligadas aos movimentos do mar e às estações continentais deram origem a novas paisagens caracterizadas pelo afloramento de poças e acumulações de águas insalubres. Atualmente, estas paisagens estão a tornar-se características de Nouakchott, ao contrário do que acontecia nos anos 70, quando havia apenas algumas sebkhas e pântanos ao longo da costa. Assim, devemos interrogar-nos por que razão chegámos ao ponto em que as águas das cheias, as lagoas e os pântanos se tornaram uma ameaça permanente para a cidade, de facto uma espécie de espada de Dâmocles que paira sobre a capital.

O OBJECTIVO DESTE LIVRO

Este livro baseia-se na investigação realizada no âmbito do programa de parceria entre o LEERG (laboratório de estudos ambientais e de investigação geográfica da Universidade de Nouakchott) e o projeto WACA (West African Coastal Area), com os seguintes resultados esperados:

- Inventário dos lagos aflorantes em Nouakchott em 2023 com perfil,

- Criar uma base de dados sobre estes charcos e a sua evolução por comuna de Nouakchott,
- organizar um workshop de feedback para os presidentes de câmara de Nouakchott com base num documento sobre os lagos.

Este livro foi escrito por mim, na sequência do workshop realizado a 15/5/2024 para os presidentes de câmara de Nouakchott sobre a caraterização dos charcos da capital, que fez algumas recomendações importantes que, sem dúvida, ajudarão a gerir e a acompanhar melhor o problema dos charcos costeiros numa capital desértica como Nouakchott.

1 QUANDO É QUE AS LAGOAS E OS SEBKHAS DE HOJE APARECERAM POR TODO O LADO EM NOUAKCHOTT?

1.1 Nouakchott: um viveiro de inundações marinhas e pluviais

Segundo os estudos técnicos do GIZ (2016/2019), dos 210 km2 do perímetro urbano de Nouakchott, 1/3 situa-se numa zona inundável. O nível topográfico desta zona de inundação varia de -1 a 0,8 m, ou seja, abaixo do nível do mar ou pouco acima. A extensão da linha de costa mencionada por estes mesmos estudos é de 3 a 4 m na zona do mercado de peixe na praia, e de 20 m na zona do esporão, a sul do porto autónomo de Nouakchott. Por fim, estes estudos alertam para o facto de, a qualquer momento, as submersões marinhas poderem alimentar os pântanos que ocorrem frequentemente a sul deste porto, constituindo um perigo, nomeadamente para o município de El Mina e, para além deste, para toda a cidade de Nouakchott.

1.2 Breve cronologia das principais inundações em Nouakchott

1916: Inundações do rio citadas por referências baseadas na tradição local (a verificar) e citadas pelos arquivos coloniais,

1951: Submersão da cidade embrionária (Ksar) pela cheia excecional do rio Senegal,

1983: Submersão do rio Aftout Essahéli de Chott Boll a 63 km de Nouakchott,

1987: e a 25 de fevereiro, uma violenta tempestade rompeu o cordão dunar a sul do porto de Nouakchott, logo que os trabalhos de construção tinham sido concluídos pelos chineses,

1992: e em agosto, o mar transbordou na sequência de uma violenta tempestade e de marés vivas. Em consequência, o cordão de proteção foi rompido pelas marés em torno do Hotel Ahmedi (que era o local de onde se retirava a areia das dunas para a construção urbana em Nouakchott),

1997: Na noite de 14 para 15 de dezembro de 1997, um maremoto rebentou a praia-barreira em torno da lota, matando uma pessoa. Durante 10 dias, a água do mar submergiu a depressão de Aftout, entre o hotel Sabah e o sul do mercado do peixe (municípios de Sebkha e Tevragh Zeina).

2013: Inundações em toda a cidade, com a água da chuva a elevar o nível de todas as sebkhas e lagoas de Nouakchott.

1.3 Afloramento contínuo de água desde 2001 em Nouakchott, na sequência de um reordenamento urbano das camadas de solo e do aumento de sebkhas e pântanos (alterações climáticas?)

Quando é que as lagoas e os sebkhas-mares de Nouakchott começaram a ficar permanentemente inundados, como acontece atualmente? Terão sido as alterações climáticas e a subida global do nível do mar? Terá sido a pressão urbana e a exploração irracional de areia e marisco (que raramente é mencionada)? Terá sido o alagamento? Serão as infra-estruturas marítimas inadequadas como o PANPA (Porto Autónomo de Nouakchott, conhecido como o Porto da Amizade (entre a China e a Mauritânia)? Todas estas questões só podem ser respondidas com base em estudos técnicos e observatórios na costa de Nouakchott, acompanhados de medições batimétricas e de um acompanhamento eco-climático permanente. Em todo o caso, embora os paleontólogos (Hebrard, Vernet) tenham atestado a presença perene de lagoas a norte de Nouakchott (sebkha Ndrahamcha) e de sebkhas nas depressões de L'Aftout, os afloramentos de água não estavam tão presentes como atualmente. As fotografias aéreas e de satélite de Nouakchott que se seguem, resumidas em segmentos de paisagem, testemunham este facto:

1965: a imagem mostra Nouakchott, com as suas dunas e vegetação, os seus baixios sem água estagnada.

1983: A cidade é invadida pela areia em todas as suas comunas, incluindo Sebkha e El Mina

2006: Nenhum afloramento de água generalizado, apesar das chuvas regulares de 2001 a 2006.

2002: Cultivo de lagos em Tevragh Zeina, na sequência da decisão a proibição de extrair areia da praia da barreira em favor da extração de areia continental.

Foto 1: Segmentos da paisagem de Nouakchott em imagens de 1965, 1983 e 2006:

2 O CONCEITO DE LAGOAS, PÂNTANOS, SEBKHA E SALINAS

A definição de "mare" pode dar origem a confusões, a não ser que se aplique especificamente a terminologia geográfica, nomeadamente a relativa às formas e paisagens costeiras. Na Mauritânia, não existe ainda um léxico geográfico típico das zonas eco-climáticas do país, e muito menos um léxico relativo à zona costeira. No entanto, no âmbito da nossa análise preliminar da caraterização dos charcos de Nouakchott, podemos já distinguir as seguintes formas de afloramento observadas: Lagoa, pântano, sebkha e salina, ou zona de acumulação pluvial. Na linguagem quotidiana das administrações e da população de Nouakchott, várias expressões são utilizadas para descrever o afloramento de água na capital: BURAK, MUSTENGHAAT, MIYAH RAKIDA, SARV SIHI, SEBKHA.... No entanto, seria necessário, pelo menos, distinguir estes tipos de afloramentos de água em Nouakchott, de acordo com a terminologia geográfica utilizada para as formas e paisagens costeiras:

- **Uma lagoa** é uma zona baixa coberta de água, geralmente pouco extensa, alimentada quer por movimentos hidrostáticos do mar quer por outras águas, como as águas pluviais ou as águas residuais. A diversidade dos lagos está, portanto, ligada à origem da sua água e pode ser alterada consoante sejam permanentes ou temporários. Em alguns países, são mesmo criados lagos artificiais para uso doméstico (sal, lavandaria, etc.) ou para outros fins, como a valorização da natureza e das paisagens. No caso de Nouakchott, a maioria dos charcos está relacionada com a subida da água salgada, que impede qualquer vegetação, exceto no caso do aparecimento de montes de areia onde podem crescer plantas halófilas. A altitude média dos charcos de Nouakchott varia de 0 a 0,8 m. Os seus solos hidromórficos são formados pela acumulação de sedimentos (areia, argila, silte e conchas). Com a presença de água salgada e o efeito da evaporação, alguns charcos de Nouakchott metamorfoscaram-se em charcos de concentração de crostas salinas (ver tipologia dos charcos de Nouakchott). A longo prazo, e com o afloramento contínuo de água nos charcos, teremos solos lodosos favoráveis a algum fitoplâncton, atraindo mesmo aves migratórias e sazonais, como no caso do charco F Norte (ver capa). Neste charco, e graças à alternância das águas pluviais e das águas perdidas da rede SNDE, desenvolveu-se a typha (uma planta típica de água doce), que invadiu outros charcos relíquias do PS SOCOGIM, e outras zonas de Nouakchott.

- **Os pântanos** são quase uma continuação das paisagens costeiras e, em geografia, fala-se de pântanos costeiros e pântanos marítimos. No entanto, os pântanos podem ser de água doce se estiverem situados na foz de um rio que desagua no mar. Os pântanos, como o que se encontra a sul do porto de Nouakchott, estão sujeitos ao ritmo das marés altas e das marés vivas. Os pântanos estão constantemente a ser criados na orla costeira dos mares e são, portanto, uma função dos movimentos das marés. As marés estão sujeitas à atração da lua e do sol sobre o mar, mas também à rotação da terra. As marés podem ser baixas ou altas e podem transformar-se em ondas gigantes como a de dezembro de 1997, que matou uma pessoa no mercado de peixe de Nouakchott. Se o maremoto for excecional, pode também transformar-se numa catástrofe, como a observada em 1983, que submergiu toda a faixa costeira de Aftout Essahéli durante dois anos, ameaçando Nouakchott a 63 km ao longo da estrada Rosso/Nouakchott. Naturalmente, um tal maremoto poderia submergir a qualquer momento e invadir os bairros da capital, elevando assim o nível das lagoas já presentes em praticamente todas as comunas de Nouakchott (mesmo em Toujounine, a mais continental das comunas).

- **Os sebkhas são** definidos como depressões fechadas quando se situam em zonas continentais afastadas do mar. Em contrapartida, os sebkhas costeiros próximos do mar são ditos abertos porque estão em contacto com o mar, de forma contínua ou descontínua (quando, por exemplo, o contacto subterrâneo com o mar é interrompido por montes de areia como a praia-barreira). Os sebkhas de Nouakchott são, por conseguinte, sebkhas costeiros, tal como os sebkhas que os rodeiam **de perto**, como o sebkha de Ndrahamcha (cujos contornos oeste/leste partem de Jreida e do novo aeroporto de Nouakchott), **ou de longe,** como os sebkhas de Jdeir (25 km a sul de Nouakchott) e de Tefourtess (62 km mais a sul). A cintura de sebkhas continua ainda mais a sul, ao longo do Essahéli Aftout, com sebkhas mais importantes em termos de superfície e de quantidade de sais, como Oumlekhcheb, Agamoun, Tinijmara e Moiijeran. É de salientar que certos sebkhas costeiros correspondentes a brechas (mencionadas a 6 de janeiro de 1951 numa missão da IFAN durante a inundação de Nouakchott pelo rio Senegal) nas **imediações e na cidade de Nouakchott podem ser sebkhas com solos movediços.**

Alguns dos charcos de Nouakchott são, de facto, restos de sebkhas mal identificados pelos urbanistas e pelos habitantes que aí constroem (ver ficha de levantamento do inventário de charcos do LEERG nos anexos).

**Os sebkhas de Nouakchott-ville e arredores são afloramentos sem sal ou
com sal**:

. As sebkha sem sal, por exemplo, situam-se frequentemente entre as dunas, pelo
que a areia limita a concentração de sal neste tipo de sebkha. É o caso, por
exemplo, da sebkha de Soukouk, situada entre F Nord e Ain Talh.

. Quanto aos sebkhas da depressão de L'Aftout Essahéli, nas comunas de El
Mina, Sebkha e Tevragh Zeina-Oeste, estão todos situados em solos argilosos
halomórficos e, com a evaporação, geram uma saturação considerável de cristais
de sal, para gáudio de alguns salineiros, que vendem o sal recuperado em toda a
cidade e no interior. Este tipo de sebkhas é fácil de identificar, uma vez que o sal
empolado cobre toda a superfície, solidificando depois a depressão numa
camada argilo-salina solta. Este facto não impede que alguns habitantes de
Nouakchott construam em solos de sebkha e, depois de constatarem os efeitos
da salinidade nas suas construções, abandonem completamente as suas casas
caras (ver fotos neste relatório).

- As salinas são sebkhas identificadas com a presença de sais fósseis (barras de
sal como a sebkha de Idjil, perto de Zouerate, ou a sebkha de Nterert, entre
dunas continentais perto de Tiguent) ou de sais concentrados pela renovação da
água do mar ou da chuva. As barras de sal não poderiam, portanto, ter-se
formado em Nouakchott, uma vez que se verificou que todas as sebkhas estão
aparentemente em contacto com a água do mar (o que resta verificar através de
um estudo muito necessário das sebkhas ao longo da costa mauritana). Quanto
ao sebkha de Ndrahamcha a norte de Nouakchott, a concentração de sedimentos
no sebkha (em Ass. Sénégal. Et. Quatern. Afr., Bull. Liaison, Sénégal, no 4'9,
décembre 1976 géochimiques préliminaires sur la sebkha de Ndrhamcha /
Mauritanie. par MAGLIOHE et CARH) é composta por minerais, como o gesso
adicionado a sais, de menor importância. (Ver também a tese do Professor Sabar
da Universidade de Nouakchott sobre a sebkha de Ndrahmacha). No entanto,
está provado que a água do mar sobe diretamente para este sebkha,
nomeadamente em torno da aldeia de Tiwilitt (ver figura 1):

Figura 1: Corte transversal da sebkha de Ndrahamcha (fonte: MAGLIOHE e CARH/1976)

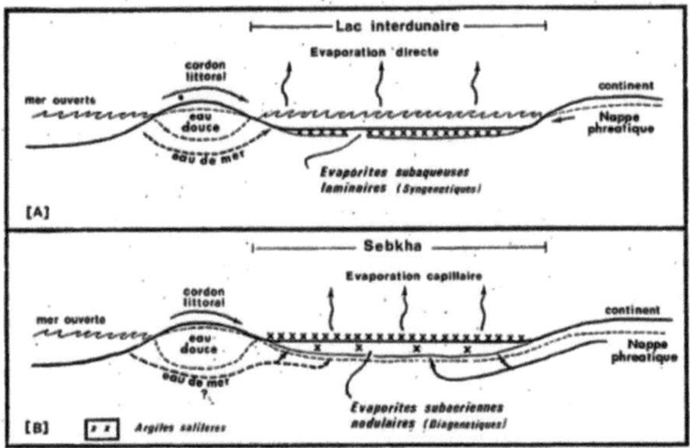

3 NOUAKCHOTT NUM TERRITÓRIO DE SEBKHAS E DEPRESSÕES, DAÍ A SATURAÇÃO DOS SOLOS

3.1 Geologia e geomorfologia das comunas de Nouakchott

As comunas de Nouakchott estão situadas na bacia geológica denominada bacia senegalo-Mauritana, na costa atlântica da África Ocidental. Esta bacia é constituída por rochas sedimentares caracterizadas pela presença de areia, argila e calcário (ver mapa e secção geológica abaixo). Na parte oriental desta bacia, formou-se o aquífero Trarza, limite geológico da cunha salina a cerca de 50 km do mar. As depressões salinas de Aftout Essahéli e as suas sebkhas formaram-se durante o Quaternário, tendo sido depois separadas do mar pelo atual cordão dunar costeiro. A aridez e a irregularidade do abastecimento de água subterrânea destas depressões conduziram à evaporação, o que aumentou a salinidade. O teor de sal é tal que a vegetação halófila tem dificuldade em proliferar, exceto em caso de chuvas fortes.

Mapa 1: Secção geológica de Nouakchott (Fonte: Bassin-Sénégalo-Mauritanien/AIEA/2017)

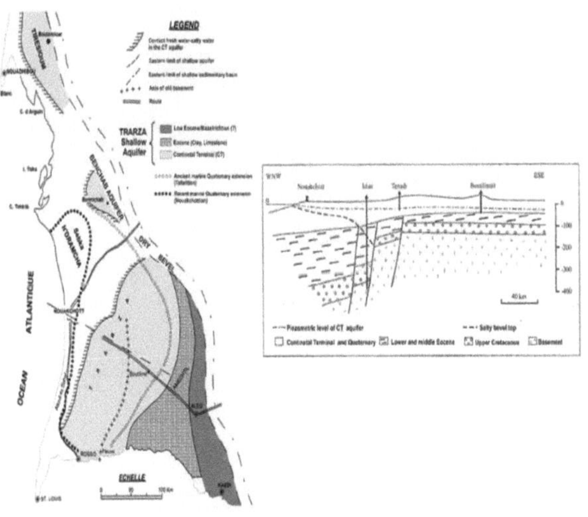

EVOLUÇÃO DO ESPAÇO MORFO-URBANO 1908/2021 RECONSTITUÍDO PARA OS MUNICÍPIOS DA ORLA MARÍTIMA :

As duas secções morfológicas de Nouakchott, em 1908 (Gruvel-Chudeau) e 2021 (LEERG), tomadas em direção ao oceano, mostram como os complexos dunares citados e fotografados pela missão Gruvel desapareceram sob a pressão urbana. A sua localização foi alterada, dando lugar a sebkhas ou lagoas aflorantes aqui e ali, no meio dos bairros urbanos de El Mina e Sebkha. As lagoas e as lagoas-sebkhas que atualmente afloram tornaram-se as novas paisagens definidoras de Nouakchott. As dunas costeiras estão a desaparecer devido à erosão costeira e à atividade humana.

Figura 2 série:Esquema comparativo de Nouakchott 1908/2021(fonte: Autor baseado em Mission Gruvel 1908) :

1908 :

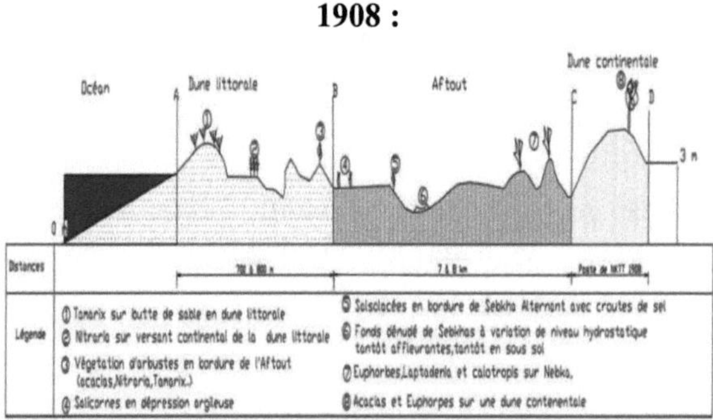

Coupe schématique de Nouakchott 1908 (A. Gruvel) mise en forme par CMF 2022

1921:

Coupe schématique de Nouakchott 2021, réalisée par CMF 2021

3.2 Tipo de solo a baixa altitude que favorece o afloramento de charcos em Nouakchott

Os tipos de solos pouco profundos de Nouakchott favorecem o afloramento de águas subterrâneas e os sebkhas, que estão em contacto com o mar (ver cortes transversais). 57% do perímetro de Nouakchott é coberto por este tipo de solo, o que expõe a capital aos riscos de submersão e de inundações pluviais. As altitudes destes solos variam (ver mapa 2) na zona marítima (municípios de Sebkha, El Mina e Tevragh Zeina) de -3m a 1,5m. Quanto aos municípios situados na frente continental (Toujounine, Arafat, Riadh-Est), a altitude do solo varia de 1,7 m a 11 m, em direção a Ouad Naga, a leste.

Mapa 2: Mapa do solo e altitude em Nouakchott (fonte: Jica/Sdau 2018)

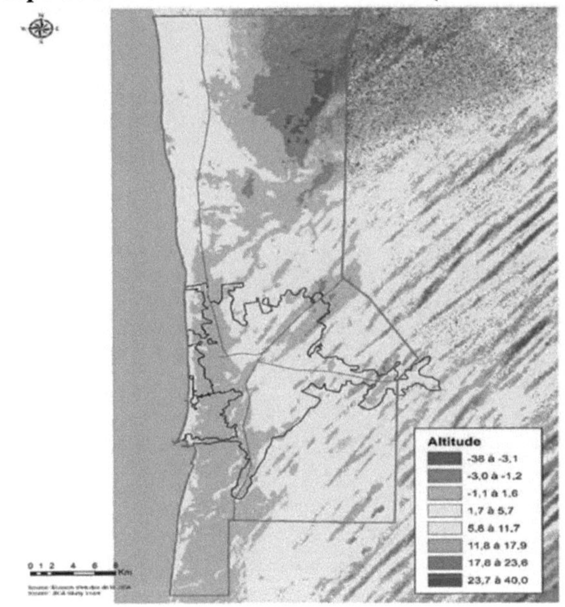

3.3 Solos das comunas de Nouakchott ameaçados pela submersão e pelas inundações

Nas zonas mais baixas, encontram-se charcos e sebkhas de diferentes profundidades (ver características dos charcos por comuna). Quando a precipitação ultrapassa os 40 mm, por exemplo, os charcos transbordam, favorecendo a propagação de doenças de origem hídrica. As inundações são uma verdadeira provação para a população de Nouakchott. Em função da topografia de cada comuna, alguns charcos permanecem estagnados durante todo o ano, causando incómodos contínuos aos habitantes locais, que não hesitam em inundá-los com lixo. O mapa 3 abaixo e a secção esquemática que o acompanha mostram as curvas de nível e uma distribuição geral dos charcos em cada comuna de Nouakchott. Os estudos do GIZ 2016/2019 mostraram que o mar, que está em contacto com estas lagoas e sebkhas, irá subir nos próximos anos em média 0,2 a 1 m. Isto representará uma séria ameaça para as comunas de Nouakchott, especialmente no contexto da previsão das alterações climáticas. Os mesmos estudos mostraram também que a linha de costa está a avançar do mar para o continente, ou seja, 3 m em dez anos (de 2004 a 2014).

Mapa 3: Distribuição e corte transversal esquemático dos charcos nas comunas de Nouakchott (fonte: Jica/Sdau 2018)

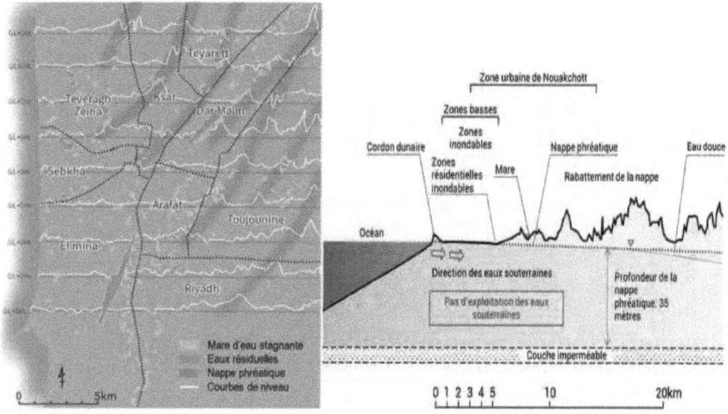

4 METODOLOGIA PARA O INVENTÁRIO DAS LAGOAS DE NOUAKCHOTT 2023

4.1 Critérios de seleção das lagoas inventariadas pelas equipas LEERG

O nível de enchimento dos pântanos, charcos e sebkhas depende do nível hidrostático e da pluviosidade registada em Nouakchott, mas também do efeito das incursões marinhas subjacentes. A gestão destas águas aflorantes, seja qual for a sua origem, está a tornar-se um problema para as autoridades administrativas e municipais, que não têm outra solução senão encher estas vastas extensões de areia e argila, ocupando assim terrenos já frágeis e vulneráveis na periferia de Nouakchott. A nossa metodologia de inventário baseia-se nas principais referências seguintes, que se juntam às referências bibliográficas no final deste livro:

- O relatório do IFAN, elaborado a 6 de janeiro de **1951** durante uma missão aérea sobre as inundações de Nouakchott, que faz referência **a sebkhas com solos movediços em torno de Nouakchott.**
- Relatório sobre a dinâmica morfológica em Nouakchott (Barrére **1983**),
- Estudos da GIZ (Projeto ACCCV) em **2016/2019,**
- Estudos da JICA sobre a SDAU de Nouakchott em **2018,**
- Os inquéritos ACF/LEERG realizados em **2019** sobre as inundações em três comunas de Nouakchott (Sebkha, El Mina e Dar Naim), com a experimentação de avaloirs como soluções para as águas residuais, juntaram-se aos inquéritos sobre a perceção das inundações pelas famílias nas comunas inquiridas,
- O projeto AREDDUN(Região), que realizou o estudo: "A região de Nouakchott face às alterações climáticas **2019".**
- Relatório sobre o primeiro levantamento dos charcos de Nouakchott efectuado pelas equipas do LEERG em **28/12/2020.**
- Tese de doutoramento sobre "Governação costeira e alterações climáticas na Mauritânia" defendida por Fadel em dezembro de **2023** na Universidade de Lille, em França.

Os charcos que são objeto deste livro são seleccionados em todas as comunas de Nouakchott, em conformidade com o programa de investigação WACA/LEERG, iniciado em novembro de 2023. O processo metodológico consiste em :

- Localizar geograficamente cada charco utilizando GPS, dentro do perímetro urbano de Nouakchott e não no perímetro peri-urbano,

- Veja cada charco utilizando fotografias locais ou fotografias do Google,

- Caracterizar cada lagoa, as suas utilizações, habitats e ambiente imediato,
- Apresentar os dados disponíveis enquanto se aguarda a chegada da sonda e do drone prometidos pelo projeto WACA.

- Por último, é de salientar a presença de aves em certas lagoas, nomeadamente durante os meses de dezembro de 2023 e janeiro de 2024, altura em que as aves migram da Europa.

4.2 Período a comunicar

Note-se que o período de inventariação das lagoas começou em 11 de novembro de 2023, no final do período de invernada e tendo em vista o solstício de inverno (21/12/2023), período favorável às correntes marinhas, tempestades e marés altas na costa mauritana. Terminou em fevereiro de 2024.

4.3 Ficha de perfilagem e de caraterização dos charcos estudados em Nouakchott (ver anexo)

A ficha "Perfil da piscina" tem várias secções:

- Informações sobre o local da lagoa e os seus   solos lodosos, arenosos e argilosos.
- A origem da lagoa: marinha, pluvial, antrópica, criada na sequência de fugas da rede (SNDE, ONAS) ou da remoção da camada superficial de areia ou de conchas para   fins de construção urbana.
- A lagoa e o seu ambiente circundante: fauna, anfíbios, etc.
- As paisagens da lagoa: vegetada, como um corpo de água, ou infestada de lixo,
- Usos domésticos e propriedade da terra,
- Informações locais sobre a lagoa e dados complementares dos residentes,
- Ameaças e incómodos causados pela presença da lagoa ou, pelo contrário, úteis, como a paisagem ao nível da água, para alguns, como em Tarhil (comuna de Riad)

Nesta fase do trabalho de campo, não estabelecemos prioridades para os charcos de Nouakchott, nomeadamente em termos de critérios hidrológicos, patrimoniais e eco-turísticos. Esta questão será certamente abordada nos nossos próximos estudos.

4.4 Base de dados dos lagos em Nouakchott

Com base na ficha de caraterização, foi elaborada uma primeira base de dados dos charcos, com uma localização GPS que liga (em Excel) a uma ficha preenchida pelas equipas para cada charco comunitário (ver anexos).

4.5 Cartografia adoptada para o inventário das lagoas

Os charcos identificados nesta primeira fase são configurados num mapa por comuna e numa base fotográfica urbana Google. Dois tipos de geo-referenciação são aplicados pelas equipas no terreno: Apontamento por GPS e apontamento por mapa.

4.6 Parâmetros aplicados

Nesta fase, enquanto se aguarda a chegada da sonda e do drone, apenas apresentaremos os dados normalizados sobre a condutividade, a temperatura e o pH nos lagos estudados. A título de lembrete, para a condutividade, devem ser consideradas as seguintes referências comparativas:

- As medições da condutividade e da temperatura são sempre efectuadas ao mesmo tempo, porque a temperatura influencia a condutividade medida, de dia e de noite. A temperatura tem uma grande influência na condutividade da água. Para comparar os valores de condutividade de uma estação para outra e de uma massa de água para outra, é necessário calibrá-los a uma temperatura da água superior a 20°C. Uma vez ajustados, tornam-se dados específicos de condutividade.
- A condutividade da água da torneira em Nouakchott (SNDE), por exemplo, é em média de 0,2 µs/cm (micro siemens por metro).
- A condutividade da água pura é em média 0,055 a uma temperatura de 25 graus.
- A condutividade da água do mar é de cerca de 50 m/s a 20°C.

A condutividade da água salobra é de cerca de 1.000 a 10.000 µS/cm a 20°C.

A água salobra das lagoas de Nouakchott provém principalmente da subida das águas subterrâneas salgadas perto do mar. Esta água torna-se condutora devido às substâncias dissolvidas, como o cloreto de sódio. No entanto, a condutividade da água de alguns charcos é atenuada por outras fontes de abastecimento, como as redes de águas residuais da SNDE ou da ONAS. Durante o inverno, e dependendo da quantidade de precipitação, a condutividade pode também baixar de valor, atingindo por vezes 800,0 µS/cm) a 27°C. Apresentaremos as condutividades médias características dos charcos de Nouakchott, mas que variam muito por comuna quando se encontram em zonas marítimas ou na orla continental. Os valores médios mais baixos de condutividade nos charcos de Nouakchott encontram-se durante a estação fria, ou seja, em média 100 a 250 µs/cm, com temperaturas que variam entre 18 e 28 graus. Os valores médios mais elevados de condutividade nos charcos de Nouakchott no verão são de 190 a 700 µs/cm, com temperaturas que variam entre 27 e 34 graus.

PH: é definido como o potencial de hidrogénio na água. É também uma medida importante da alcalinidade da água. Pode ser neutra quando é igual a 7. Abaixo disso, é ácida e, portanto, não é propícia ao desenvolvimento de certas plantas, e acima disso, é considerada básica. O PH médio nos charcos de Nouakchott foi medido entre 7,5 e 9 na estação fria, e entre 8 e 9,5 na estação quente.

4.7 Número de lagoas por município de acordo com o inventário preliminar novembro de 2023

Um inventário exaustivo dos charcos de Nouakchott exige um programa contínuo de contagens, nomeadamente por estação do ano (especialmente durante a primavera e a estação das chuvas). No entanto, este primeiro inventário permite ter uma ideia do número de charcos existentes nas comunas de Nouakchott.

NÚMERO DE MARCAS POR COMUNIDADE E POR ORDEM DE INVENTÁRIO (novembro de 2023 a janeiro de 2024):

DAR NAIM :105

TV ZEINA 26

SEBKHA22
EL MINA 14

RIADH 9

ARAFAT 2

TEYARETT : 6
KSAR : 4

TOUJOUNINE: 0

5 TIPOLOGIA DAS LAGOAS DA ORLA MARÍTIMA DE NOUAKCHOTT

Em Nouakchott, é necessário fazer uma distinção entre :

- Uma zona baixa inundada pela chuva ou por uma fuga de água na rede, com o solo saturado à mínima gota.

- Uma lagoa que nasce de um lençol freático próximo do nível médio da superfície topográfica em Nouakchott, com 0 a 0,8 m (cerca de 0,5 a 0,8 m).

- Um sebkha que se eleva com as marés da lua ou uma boa noite de s o n o . precipitação,

- Um lago artificial criado pela escavação do solo para satisfazer as necessidades das estradas ou da construção urbana.

5.1 TIPOS DE LAGOAS NOS MUNICÍPIOS DO LITORAL DE NOUAKCHOTT: EL MINA, SEBKHA E TEVRAGH ZEINA

A maior parte das lagoas destas três comunas, denominadas "comunas costeiras", situam-se na depressão de Aftout Essahéli, adjacente à faixa costeira. Estas comunas representam por si só 40% da população de Nouakchott, mas têm também a particularidade de conter várias infra-estruturas de importância nacional para o país, como o porto e os seus depósitos de combustível, os depósitos de armazenamento de gás doméstico, as fábricas de farinha e de cimento do país e muitas outras infra-estruturas. O município de El Mina é também conhecido pelos seus pântanos sazonais, fenómeno que partilha com o município de Sebkha, nomeadamente durante os períodos de maré alta.

Comunas do litoral de Nouakchott :

Nome do município	caracterizado como	Área de superfície em Km2	População 2021
TEVRAGHZEINA (NKTT)	Urbano	30	67382
SEBKHA(NKTT)	Urbano	14	64 316
El MINA(NKTT)	Urbano	90	154 963

5.1.1 Tipologia das lagoas de El Mina

Os pântanos de El Mina, nomeadamente os que se situam a sul do PANPA, podem por vezes transformar-se em pântanos alagadiços, ameaçando a zona vizinha de Dar El Beidha e as concessões industriais em torno do perímetro do porto. Estes pântanos, de dimensões variáveis, são regularmente submergidos pela submersão marinha, favorecida pelo desaparecimento da praia de barreira nesta parte do litoral, bem como pela construção inadequada do porto de Nouakchott e do seu molhe. No inverno, as águas pluviais submergem estas lagoas e, no verão, elas secam e ficam cobertas de eflorescências salinas, como acontece também com outras lagoas da comuna, utilizadas para a produção de sal pela população local (Foto 2 abaixo):

Foto 2: Tipo de lagoa em El Mina, conhecida como "lagoa salgada

Este tipo de pântano está a ser mordiscado pelos bairros de habitação atribuídos pelo Estado, e os beneficiários destes lotes em bairros pobres estão a fazer tudo o que podem para preencher os terrenos salgados e construir sobre eles. É evidente que o seu habitat se situa numa zona de risco e pode, portanto, estar sujeito a qualquer momento às flutuações marinhas (o mar está a 5 km de distância) e a chuvas fortes ocasionais.

Foto 3: Tipo de lagoa conhecida como: "lagoa resultante da escavação clandestina (por vezes nocturna) de uma pedreira de conchas" (Podem também ser distinguidas como um tipo de lagoa artificial).

Estes tipos de pedreiras são perigosos, pois favorecem as inundações e os desabamentos. Os riscos são ainda maiores quando estas pedreiras estão próximas do litoral, como mostra a foto 3 (os barcos no porto de Nouakchott podem ser vistos ao fundo).

Na parte oriental da comuna de El Mina, todas as zonas baixas ao nível dos 0 metros da depressão marítima de Aftout Essahéli foram submersas pelo desenvolvimento urbano. Na secção transversal de Nouakchott elaborada em 1908 por Gruvel/Chudeau, estas zonas, hoje fortemente urbanizadas, são representadas no esquema como zonas de inundação pluvial, alternando por vezes com sebkhas aflorantes. Assim, as águas pluviais e a subida dos lençóis freáticos encontram-se hoje nos pátios das casas de El Mina, cujas paredes e alicerces se encontram em ruínas e rodeadas de finas películas de humidade salgada. Nestas zonas de El Mina, "o saneamento individual também é difícil, porque a abertura de fossas esbarra com a proximidade da água salgada" (SNEIH 2006), que tem um metro de profundidade.

5.1.1.1 Inventário preliminar das lagoas de El Mina novembro de 2023

Se as lagoas inventariadas nesta fase em El Mina são mais pequenas do que as de Sebkha e Tevragh Zeina, isso deve-se à explosão urbana que submergiu toda a depressão de L'Aftout Essahéli e, por conseguinte, a maior parte das lagoas que eram afloramentos no final dos anos 90 em El Mina estão agora em construção urbana. Quanto às habitações do PS Socogim, foram construídas sobre uma sebkha, que até aos anos 80 era conhecida como Sebkhit El Kebaa. Neste mapa de inventário, as lagoas que afloram em novembro de 2023 são destacadas a vermelho, na periferia oeste do município, perto do litoral, e ainda não ocupadas pelo desenvolvimento urbano. Esta situação deve-se à existência persistente de charcos nesta zona, à experiência amarga do loteamento MELAH atribuído em 1993 pela Wilaya de Nouakchott. A Wilaya ignorou deliberadamente os riscos de inundação que transformaram a zona atribuída pelo prolongamento de El Mina em verdadeiros charcos de sal durante o inverno de 1993. O drama da época foi tal que o Estado anulou as atribuições e transferiu MELAH para as dunas orientais de Nouakchott (até hoje, o bairro chama-se MELAH, mesmo depois de ter sido transferido para as dunas da comuna de Toujounine).

Mapa 4: Inventário preliminar dos charcos de El Mina em novembro de 2023 (fonte: Leerg sobre o programa de investigação Waca 2023/2024)

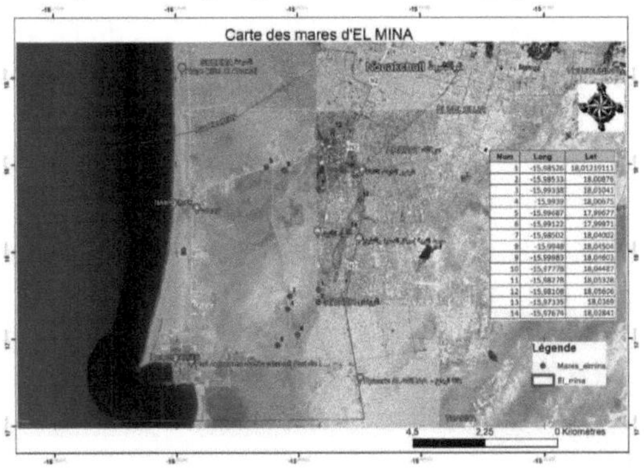

5.1.1.2 Perfil dos lagos de El Mina

As piscinas de El Mina correm paralelamente ao cordão dunar e situam-se no meio da depressão de Aftout Essahéli, com um nível de água de 0 a 0,5 m, ou mesmo - 1 m nalguns locais. Os seus afloramentos dependem das variações do mar (tempestades, marés vivas e vagas, submersão, etc.). Os estudos do GIZ 2019 mostraram que, para além da praia-barreira, existem trocas subterrâneas entre o mar e as terras vizinhas, como a depressão de Aftoutienne, onde se situam as comunas de Sebkha e El Mina, e mesmo uma parte da comuna de Tevragh Zeina. A subida progressiva do nível do mar favorece a intrusão de água e o seu afloramento sazonal nos charcos da comuna. Os picos de afloramento de água nas lagoas das comunas marítimas observam-se de janeiro a abril (marés vivas e marés de primavera) e de julho a outubro, em função da quantidade de águas pluviais. Os charcos e pântanos de El Mina formaram-se em solos planos com pouca vegetação. Os baixios destes charcos caracterizam-se por zonas de acumulação de sedimentos (areia, argila, silte e conchas). Com o passar do tempo, e com o afloramento contínuo de água salobra nestas zonas, teremos solos lamacentos ou pantanosos.

5.1.1.3 Características paisagísticas das lagoas de El Mina :

Profundidade máxima da água medida em média em 3 lagoas: O a 1m 20, principalmente devido à infiltração passada ou atual de água do mar durante a submersão, tempestades, surtos ou marés (a água da chuva é sazonal e depende das quantidades).

Solo profundo: Acumulação de sedimentos (areia, argila, silte e conchas) + sais absorvidos na argila na borda da lagoa.

Solos em torno das lagoas: na orla costeira, os solos tornam-se escorregadios, nomeadamente em torno do Hotel Ahmedi e do acampamento da Marinha francesa. Estes solos tornam-se ainda mais frágeis em caso de bom inverno.

Condutividade média mais elevada, registada no verão, nas lagoas de Marbatt e Dar Beidha-Samine: 190 a 700 μs/cm, com temperaturas que variam de 27 a 34 graus.

Bancos ligeiramente inclinados: O a 25% em média,

Resíduos antropogénicos: entulho, plástico, carcaças de animais, óleo usado, resíduos de fossas sépticas.

Paisagens desfiguradas: devido à mariscagem e à exploração de aluviões, a areia quase desapareceu das paisagens da comuna, exceto nas dunas litorais, que são objeto de uma extração clandestina de areia transportada em carroças ou em sacos escondidos nos automóveis particulares.

Peixes: provavelmente não

Espécies invasoras: raras, com exceção da typha no Socogim Ps, uma vez que a água é misturada com águas residuais domésticas e precipitação acumulada,

Principal utilização das lagoas: recolha de sal

Saneamento: bombagem excecional pela ONAS (nomeadamente em Dar El Beidha, setembro de 2023), segurança civil e engenharia militar, noutros locais de poças urbanizadas e nos cruzamentos das ruelas da comuna.

Lagoas em El Mina causam refugiados climáticos: Em 2014, o inquérito LEERG registou 38 agregados familiares que abandonaram Socogim Ps e se mudaram para Riad e Arafat: quer através da compra de novas terras, quer através de arrendamento. Em 2020, o inquérito ACF/FISONG registou 72 casos de abandono de casas em El Mina, devido à pressão das águas das cheias dos charcos e sebkhas, ou na sequência das chuvas de 2013/2014.

5.1.2 Tipologia das lagoas de Sebkha

Como o seu nome indica, a comuna de Sebkha foi construída sobre um campo de sebkhas, que alguns geólogos associam mesmo ao grande sebkha de Ndrahamcha (ou lagoa seca), 50 km a norte de Nouakchott. Também é verdade que, aquando da construção do quinto arrondissement (ou quinto), o antepassado do Sebkha Moughataa, os riscos dos sebkhas foram esquecidos. A tradição dos nómadas costeiros de Bouhoubeiny ensina-nos que nunca se deve construir uma habitação sobre uma sebkha, mesmo que seja uma Khaima. A máxima tradicional também nos ensina que nunca nos devemos aproximar de uma sebkha quando está a ferver, ou quando a sua água está a ser levada por ventos muito fortes. Atualmente, os habitantes da cidade de Nouakchott vivem na comuna de Sebkha e têm de enfrentar os inconvenientes causados pela ascensão capilar do sal, que está muito presente nas depressões salinas. A particularidade da comuna reside no facto de os afloramentos de charcos estarem mais relacionados com a subida do sebkha do que com as inundações pluviais. É claro que, quando à água do sebkha se juntam as chuvas fortes, torna-se insuportável para os habitantes do Moughataa, que gritam que a sua comuna é "refém da água" (sítio Web do CRIDEM, 23/8/2022). Na rua, os cidadãos de Sebkha também são prejudicados, sobretudo quando a evaporação da água se torna intensa e, em consequência, o sal cristaliza-se rapidamente, impedindo a circulação dos automóveis. Todas as zonas da comuna são agora impróprias para construção, pois o sal ataca as paredes e a água salobra infiltra-se nos sistemas de esgotos domésticos individuais. Algumas pessoas abandonam as suas casas ou vendem-nas a estrangeiros, que se tornam residentes temporários em Sebkha, apenas o tempo suficiente para que estes migrantes encontrem trabalho ou para que os seus projectos sejam bem sucedidos. Em 2020, o inquérito ACF/LEERG revelou que mais de 1% das casas tinham sido abandonadas na comuna de Sebkha. Em todo o caso, aguardamos com expetativa a aplicação das DAL (Directivas de Desenvolvimento Costeiro, contidas no Plano Diretor de Desenvolvimento Costeiro) na comuna de Sebkha, que "proíbe firmemente a construção em zonas altamente propensas a inundações das sebkhas".

TIPO de lagoa: lagoa do Hospital Sabah ou sebkha?

As salinas de Sebkha (foto 6) são regularmente varridas a tal ponto que nos perguntamos se se trata das grandes salinas de Nouakchott, de que os primeiros exploradores deram conta no século XVIII. Neste sebkha-mare, o nível da água é de 0,2 m e o sal acumula-se constantemente durante as estações quentes, dando origem a uma lama por vezes cor-de-rosa, por vezes branca de sal (ver foto 6). Interrogados, os salineiros que encontrámos disseram que a sebkha do hospital de Sabah é alimentada regularmente e no subsolo pelo mar, que fica a 7 km de distância. As sebkhas-mares circundantes só produzem sal após a estação do inverno.

Foto 6: Sal da Mare-sebkha no Hospital Sabah

Fotos 7 da série: fotos comparativas de tipos de lagos: Lago ATOIT ou o sistema hídrico de uma sebkha urbanizada.

A natureza do solo, a proximidade do mar e a rápida urbanização transformaram a sebkha-mare conhecida como Atoit num verdadeiro bairro sub-salino. Os habitantes da cidade que se instalaram em Atoit preferiram provavelmente viver perto do mar. do mar e do mercado do peixe. O acompanhamento desta lagoa sebkha pelo LEERG desde 2002 mostra que a ocupação urbana se acelerou a partir de 2010 (ver fotos de comparação entre 2002 e 2011 abaixo).

ATOIT 9/8/2002: área de recuperação de sal e depósito de lixo

ATOIT 21/5/2004: a depressão salina é drenada e a SOCOGIM inicia um programa de aterro para instalar vedações feitas de muros reabilitados.

ATOIT 5/6/2010: Pressão urbanística e transformação das vedações da SOCOGIM pelos beneficiários em moradias, de média e alta altitude/Remediação de algumas partes pelos engenheiros militares

ATOIT 8/10/2011: Bombagem pelo Ministério da Hidráulica (ONAS) sem resultados até à chegada do projeto chinês de purificação das águas pluviais e das águas estagnadas.

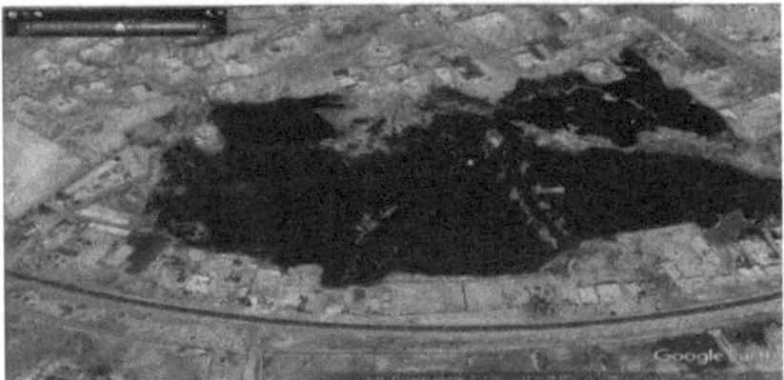

ATOIT 14/12/2019 : Ligeira redução do volume da lagoa na sequência dos sistemas de bombagem instalados pelo ONAS e pelos chineses a partir de 2016

5.1.2.1 Inventário preliminar das lagoas de Sebkha novembro de 2023

As lagoas de sebkha estão dispersas por todo o município, e a extensão do seu afloramento é função da pressão urbana e da topografia (nomeadamente os pontos mais baixos do solo em becos ou espaços públicos). No entanto, as piscinas de sebkha tendem a aflorar muito mais perto da praia da barreira (ver mapa 5 das piscinas de sebkha). O presumível contacto destas sebkhas com o mar é quase irreversível (apesar de não existirem estudos sobre as sebkhas e o seu funcionamento subterrâneo em Nouakchott). Além disso, os estudos da AIEA de 2017 mostraram que a cunha salina se encontra na fronteira IDINI, 60 km a leste da capital. A condutividade nas lagoas-sebkhas registadas em 3 lagoas é em média de 1.500 a 10.000 µS/cm a 28°C. Durante a estação das chuvas, as inundações elevam o nível dos sebkhas e, no final da estação das chuvas, a água seca e, com a evaporação e as temperaturas elevadas, o sal submerge a comuna de Sebkha. Na comuna de Sebkha, faltam ainda vários níveis do questionário, pois há rubricas como o estatuto da propriedade fundiária, nomeadamente os lotes regularmente submersos pela água, que exigem inquéritos. e a recolha de informações junto dos serviços públicos locais.

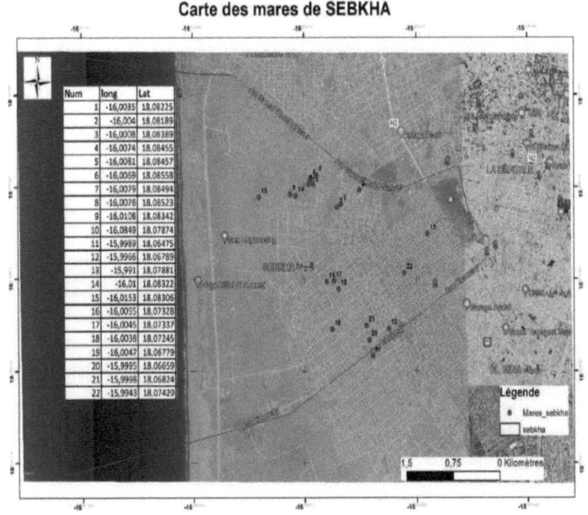

Num	long	Lat
1	-16,0035	18.08225
2	-16,004	18.08189
3	-16,0008	18.08389
4	-16,0074	18.08455
5	-16,0081	18.08457
6	-16,0069	18.08558
7	-16,0079	18.08494
8	-16,0078	18.08523
9	-16,0108	18.08342
10	-16,0849	18.07874
11	-15,9989	18.06475
12	-15,9966	18.06789
13	-15,991	18.07881
14	-16,01	18.08322
15	-16,0153	18.08306
16	-16,0055	18.07328
17	-16,0045	18.07337
18	-16,0038	18.07245
19	-16,0047	18.06779
20	-15,9995	18.06659
21	-15,9998	18.06824
22	-15,9943	18.07429

O sal é tão importante que os agregados familiares em Sebkha compram-no
localmente para as suas necessidades culinárias e em frente das suas casas. A
fotografia 8 mostra a concentração de sal nas parcelas à volta das moradias que
já foram construídas.

**Foto 8: Concentração de sais à volta de terrenos baldios em Socogim-plage
(fonte: Auteur 2023)**

O inventário dos charcos de sebkha revelou quatro métodos utilizados pelos
habitantes locais para proteger as fundações das suas moradias em perigo.
Apesar disso, o resultado é o abandono progressivo das casas que figuram na
fotografia nº 10.

Fotos 9 da série: fotos dos métodos utilizados pela população de Nouakchott para lutar contra o aumento da salinidade:

Processo 1: (fotos A e B abaixo): Preenchimento do lote com areia (que é permeável às sebkhas ascendentes) (Fonte: Autor 2023)

A:B :

Processo 2: Aterro da fundação com alcatrão para evitar temporariamente a acumulação de sal.

Processo3 : Cantarias do lote em rochas continentais do interior do país (Aioun, Atar)

Processo 4: Colocação de azulejos na fundação e na vedação, o que não evita o desgaste das paredes devido ao efeito da ascensão capilar salina.

Após os processos 1, 2, 3 e 4: Foto 10: No final do dia, as casas de Sebkha estavam abandonadas, apesar das medidas de proteção tomadas. Ver Refugiados climáticos em Nouakchott

5.1.2.2 Perfil dos lagos de Sebkha

Tal como os charcos de El Mina, os principais charcos de Sebkha também se situam paralelamente à praia da barreira, no meio da depressão de Aftout Essahéli, com níveis de água que variam entre 0 e -1 m. Os charcos da comuna beneficiaram da bombagem chinesa, que teve um impacto temporário nas famílias localizadas perto de sebkhas perenes. Este facto reduziu ligeiramente o ciclo periódico de esvaziamento das fossas sépticas, uma verdadeira provação para os agregados familiares em Sebkha. No entanto, a morfologia dominante na comuna continua a ser um tipo de lago conhecido como o lago de Sebkha. Se o perfil das lagoas de Sebkha exigir uma bombagem contínua, tal poderá ter consequências imprevisíveis, como o desmoronamento dos solos e os desabamentos de terras em terrenos já ocupados por milhares de famílias. Em Socogim- plage, o Estado procedeu ao enchimento das sebkhas, mas esta não pode ser uma solução devido à pressão que exercerá sobre os lençóis freáticos já vulneráveis, o que terá repercussões noutras zonas, agravando a subida dos níveis freáticos.

5.1.2.3 Características paisagísticas das lagoas de Sebkha

Profundidade máxima da água medida em média em 3 lagoas sebkhas: O a 0,8 com água de sebkha estagnada.

Solo em profundidade: sedimento areno-argiloso, lama nos bordos das sebkhas

Solo à volta de lagos: Elevada concentração de sais

Condutividade média mais elevada, registada em outubro de 2023 em 3 sebkhas exclusivas: 300 µs/cm, com temperaturas variando de 29 a 34 graus. A condutividade nas piscinas de sebkhas registada em 3 piscinas foi em média de 1.500 a 10.000 µS/cm a 28°C em novembro de 2023.

PH: O pH médio varia entre 8,4 e 9,5, semelhante ao da água do mar ligeiramente básica.

Bancos ligeiramente inclinados: O a 0,5% em média,

Presença de resíduos artificiais: lixeiras

Paisagens de sebkhas, e no inverno, as superfícies de água são abundantes, dificultando a economia urbana e as deslocações de automóvel.

Vida aquática: algumas libélulas e borboletas raras.

Espécies invasoras: Tamarix em certas casas, calotropis em indivíduos, Zygophyllum waterlotii

Principal utilização das lagoas de sebkhas: recolha de sal

Tratamento de águas residuais: Bombagem na China de 2016 a 2022

Os mares-sebkhas levaram ao abandono de casas (números ainda por pesquisar):

RESUMO DO HIDROSSISTEMA DOS PRINCIPAIS SEBKHAS DA COMUNA DE SEBKHA :

Nome da zona contínua ou descontínua de uma série de charcos nos fundos de sebkhas	Coordenadas geográficas das lagoas e sebkhas no município de Sebkha		
	Latitude	Longitude	Volume de água salino, com intensidade na cor (Importância do azul ao bege)
Cité plage (sal concentrado)	18°05' 12,3"	16° 00' 09"	
Zona Concorde e Ministério do petróleo (crosta salina acinzentada)	18°05' 11,3"	15° 59' 51,1"	
Basra e Kouva (sal em crosta superficial muito misturado com argila)	18°04' 49,9"	16° 00' 15,0"	

5.1.3 Tipologia dos lagos em Tevragh Zeina

Existem dois tipos de lagos na comuna de Tevragh Zeina:

- Em primeiro lugar, as piscinas da parte ocidental do município, situadas no meio da depressão salina de L'Aftout, que se estendem em direção à grande sebkha de Ndrahamcha (que começa no novo aeroporto de Nouakchott). As características destas piscinas são semelhantes às das piscinas sebkha já descritas nas comunas de El Mina e Sebkha.

- E há ainda as lagoas do norte e do centro da comuna, que se caracterizam pelo facto de terem estado sob um cordão dunar antes de as dunas que as protegiam terem sido retrabalhadas ou arrancadas por camiões de areia, como é o caso da lagoa de Soukouk (monitorizada pelo LEERG de 2002 a 2023) abaixo:

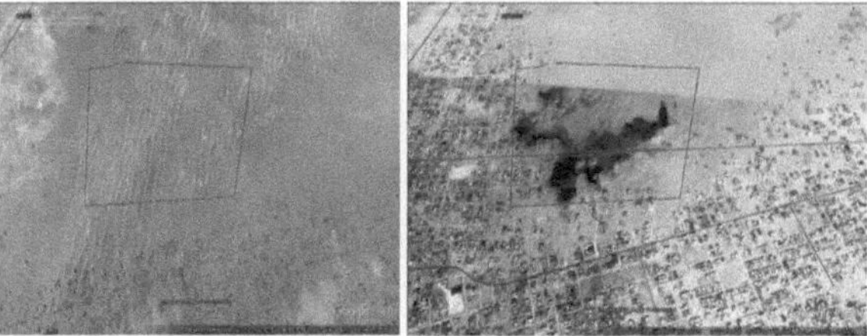

Lagoa na zona de SOUKOUK: coberta pelo cordão dunar em **2002**, depois os camiões extraíram a areia, e **de 2007 a 2019**, a lagoa emergiu até hoje **(novembro de 2023)** apesar do trabalho dos promotores imobiliários privados, que continuam a pagar a cada camião para depositar na lagoa os escombros de casas demolidas algures em Nouakchott. Ao encherem o charco desta forma, constroem apartamentos e casas, cujos **inquilinos ficam rapidamente desiludidos assim que** se instalam, nomeadamente com o enchimento diário das fossas sépticas devido à pressão do lençol freático e à ascensão capilar nas paredes das casas (NB: este charco foi também o local de todos os escombros e rupturas do edifício do Senado, demolido em 2017/2018).

5.1.3.1 Inventário preliminar das lagoas de Tevragh Zeina novembro de 2023

No mapa de inventário, podemos ver claramente a estrada de Nouadhibou que separa os dois tipos de lagoas descritos acima. Na parte oriental desta estrada, as dunas continentais interferem com os bairros urbanos da comuna, bloqueando momentaneamente a extensão dos baixios submersos pelas lagoas, como mostra a foto 13 :

Foto 13: Lagoa retida pelas dunas continentais em Nouakchott

O inventário mostrou também outros tipos de charcos que tinham beneficiado de ligações e de fugas de água, como as redes perdidas ONAS ou SNDE; isto favoreceu a biodiversidade e a vegetação typha, ao ponto de se parecer com o rio Senegal no sul da Mauritânia (ver foto 14 abaixo):

Foto 14: Vegetação de Typha em Nouakchott, favorecida por um solo que alterna água doce e água salgada. No coração desta vegetação, desenvolve-se a biodiversidade e os refúgios para as aves sazonais e migratórias.

As lagoas de Tevragh Zeina estão constantemente a ser enchidas para a construção de moradias de luxo e, devido ao valor fundiário dos lotes atribuídos pelo Estado, em pleno coração da lagoa ou nas suas imediações. Os habitantes da comuna de Tevragh Zeina têm também um certo nível de vida que lhes permite pagar os serviços de camiões e motoniveladoras, ao contrário dos habitantes das zonas de El Mina e Sebkha.

Mapa 6: Inventário preliminar dos charcos de Tevragh Zeina em novembro de 2023 (fonte: Leerg sobre o programa de investigação Waca 2023/2024)

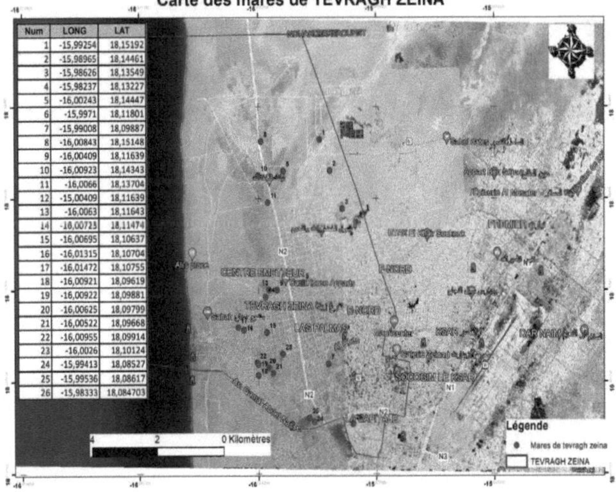

Num	LONG	LAT
1	-15,99254	18,15192
2	-15,98965	18,14461
3	-15,98626	18,13549
4	-15,98237	18,13227
5	-16,00243	18,14447
6	-15,9971	18,11801
7	-15,99008	18,09887
8	-16,00843	18,15148
9	-16,00409	18,11639
10	-16,00923	18,14343
11	-16,0066	18,13704
12	-15,00409	18,11639
13	-16,0063	18,11643
14	-16,00723	18,11474
15	-16,00695	18,10637
16	-16,01315	18,10704
17	-16,01472	18,10755
18	-16,00921	18,09619
19	-16,00922	18,09881
20	-16,00625	18,09799
21	-16,00522	18,09668
22	-16,00955	18,09914
23	-16,0026	18,10124
24	-15,99413	18,08527
25	-15,99536	18,08617
26	-15,98333	18,084703

5.1.3.2 Perfil dos lagos em Tevragh Zeina

As piscinas da parte oriental do Tevragh Zeina estão rodeadas por dunas de areia com uma altura até 3 m, mas com um declive muito suave (1,5%). A presença de areia, associada a orvalhos e nevoeiros frequentes, favoreceu uma vegetação costeira semidesértica, nomeadamente nas lagoas de Soukouk e F Nord: Leptedania, calotropis, Waterlotti,..... No entanto, a presença de dunas de areia não atenuou o afloramento frequente de água salobra nestes charcos, continuando a colocar-se o problema da sustentabilidade desta água, nomeadamente do seu abastecimento subterrâneo. O perigo em Tevragh Zeina reside no facto de a maior parte das infra-estruturas públicas (escolas, ministérios, universidade, etc.) terem sido construídas sobre os escombros (detritos de argila e conchas) trazidos pelos camiões para encher as piscinas, como é o caso da nova extensão da Universidade de Nouakchott, cuja abertura está prevista para dezembro de 2023.

5.1.3.3 Características paisagísticas dos charcos de Tevragh Zeina

Profundidade máxima da água medida em média em 3 tanques: O a 1 m com
água salobra.

Solo em profundidade: argilo-arenoso, com lama arenosa salina na borda de alguns charcos, leitos de relva em 2 charcos.

Solos da periferia: concentração aparente de sal apenas no verão e menos na "estação fria".

Condutividade média mais elevada, medida em novembro de 2023 em 3 charcos:
350 µs/cm, com temperaturas que variam entre 27 e 30 graus.

PH: O pH médio varia entre 8 e 9,

Bancos ligeiramente inclinados: 0 a 0,3% em média,

Resíduos antropogénicos: abundância de entulho nas lagoas inventariadas.

Vida aquática: libélulas e borboletas permanentemente acima da superfície da água durante o dia, aranhas, abundância de leitos de relva,

Biodiversidade: galinhas-d'angola em F Nord, ruivo, garça branca, pombas-tartaruga.

Espécies invasivas: Typha nas lagoas de F Nord e em pequenos bosques em certas cercas, sessuvium,

Utilização observada dos lagos: banho de crianças de rua, refrescamento de cães vadios,

Saneamento: Estação de bombagem ONAS em F Nord.

6 RESUMO DOS DADOS MÉDIOS DE MEDIÇÃO (PH, T, C) DE TRÊS LAGOAS DIFERENTES NAS COMUNAS DE FRONT DE MER (EL MINA, SEBKHA, TV ZEINA)

Escolhemos um tanque por comuna com base nas semelhanças e efectuámos medições de PH, T e condutividade para cada local. De seguida, calculámos as médias mensais para os três charcos. No que diz respeito ao PH, **este** subiu para 8, atingiu o máximo de 9 em dezembro e depois voltou a descer para 8. Isto deve-se provavelmente à influência subterrânea das águas altas ao longo da costa, que têm vindo a subir continuamente, impedindo os pescadores de se fazerem ao mar nos dias 13, 14 e 15 de janeiro de 2024.

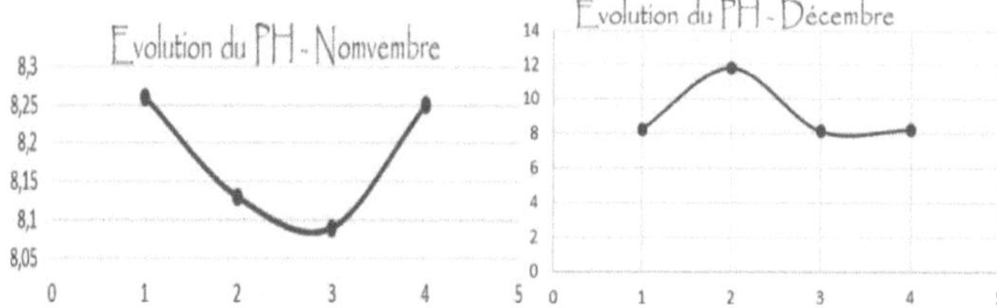

As temperaturas desceram esporadicamente durante 3 dias sucessivos em novembro de 2023, depois durante 5 dias descontínuos em dezembro de 2023, antes de descerem novamente durante 7 dias em janeiro de 2024.

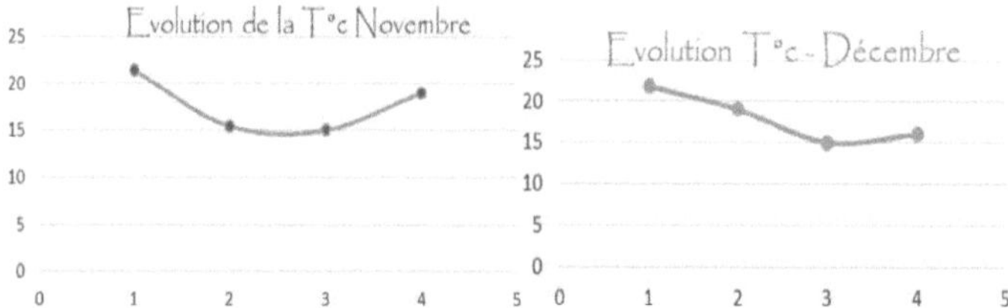

A condutividade foi certamente influenciada pelas temperaturas médias, mas as nossas avaliações são afectadas pela elevada volatilidade do valor da condutividade. Este valor oscilou entre 105 e 125 µs/cm (aparelho Hanna).

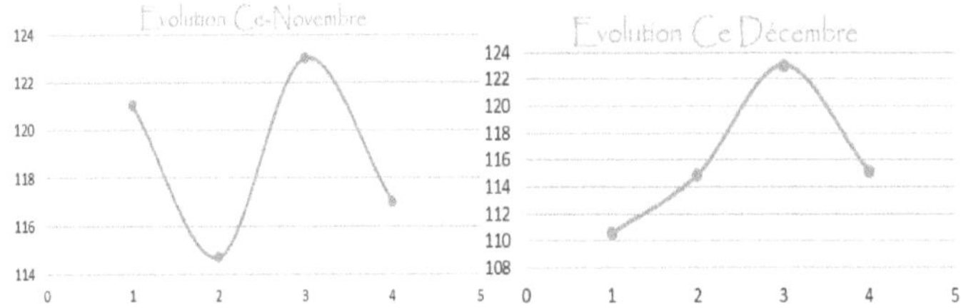

Em todo o caso, estes dados são meramente indicativos e devem ser confirmados pela sonda ainda a encomendar pelo projeto WACA.

7 TIPOLOGIA DAS LAGOAS DE NOUAKCHOTT NA FRENTE DAS DUNAS CONTINENTAIS

Estas três comunas, assim designadas devido à sua posição geográfica, estão construídas sobre ou à beira de dunas continentais. Estas zonas arenosas fazem parte da morfologia antiga da região de Nouakchott (dunas Ogolianas e Erg Amoukrouz), mas foram remodeladas pela pressão urbana e pela erosão. Estas dunas correm na direção Este-Norte-Este e são separadas por depressões cuja altitude varia de uma comuna para outra. Por exemplo, as depressões muito baixas de Dar Naim variam de -3 a 4 m de altitude, o que torna esta comuna mais vulnerável à proliferação de charcos provocada pelas chuvas ou pela subida do lençol freático. Não é o caso de Teyarett, onde a altitude média varia entre 1,5 e 6 m. Isso não impede que as zonas interdunares desse município tenham altitudes de 0 a 3m. Por conseguinte, as lagoas abundam em Dar Naim, que é o município com o maior número de lagoas inventariadas em Nouakchott. As dunas continentais inclinaram-se a favor das comunas situadas a leste de Nouakchott, como Arafat e Toujounine, onde os lagos são praticamente inexistentes, com altitudes que variam entre 2 e 11 metros nesta última comuna. No entanto, por razões de importância e de distribuição geográfica dos charcos em Nouakchott, classificámos a comuna de Toujounine no grupo das comunas denominadas "comunas com charcos localizados": Ksar, Riadh e Toujounine" (capítulo 8).

Nome do município	caracterizado como	Área de superfície em Km2	População 2021
ARAFAT	Urbano	38	186 000
DAR NAIM	Urbano	20	147 000
TEYARET	Urbano	18	81 000

7.1 TIPOS DE LAGOAS NAS COMUNAS LIMÍTROFES DAS DUNAS CONTINENTAIS: ARAFAT, DAR NAIM E TEYARETT.

Estas comunas situam-se nos limites ocidental e central (Arafat) das dunas continentais de Nouakchott. O afloramento de lagoas (particularmente difundido em Dar Naim) é o resultado de uma vulnerabilidade física, agravada por uma ocupação urbana muito densa e por uma extração intensiva de areia. Em termos práticos, isto significa que os materiais são extraídos para fins de construção em alguns locais e enchidos noutros. As consequências dramáticas nesses municípios são o rebaixamento do lençol freático, somado ao fato de que as áreas de extração se transformam em lagoas e áreas de estagnação de água, em decorrência das fortes chuvas e da subida dos capilares. Na série de fotografias abaixo, pode ver-se claramente o processo de transformação das zonas dunares em charcos nas chamadas comunas continentais de Nouakchott:

Fotos 15 da série : PROCESSO DE "MARIZAÇÃO" DAS ZONAS DUNARES NAS COMUNAS CONTINENTAIS DE NOUAKCHOTT :

1: Duna cobiçada pela sua areia2: pressão urbana3: lagoa de afloramento perene

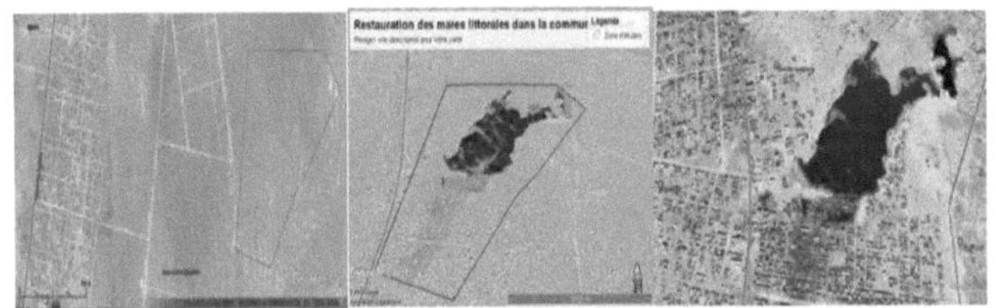

Tarhil antes da extração de material 2004/ Aspeto do charco e afloramento geral 2010/ Charco de pressão urbana 2021

7.1.1 Tipologia dos lagos em ARAFAT

Os charcos de água salobra são raros na comuna de Arafat, embora apareçam charcos temporários durante a estação das chuvas fortes, concentrados em zonas baixas com um nível de água de 0,5 m, como a zona do mercado e o posto 11.

7.1.2 Inventário preliminar dos lagos em Arafat novembro de 2023

As equipas identificaram duas lagoas perenes em Arafat em novembro de 2023, mas as pessoas continuam a dizer que tudo é uma lagoa, especialmente durante a estação das chuvas.

Mapa 7: Inventário preliminar dos charcos de Arafat em novembro de 2023 (fonte: Leerg sobre o programa de investigação Waca 2023/2024)

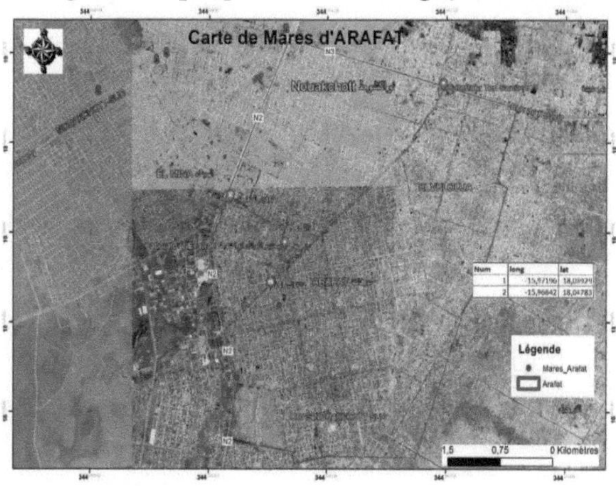

7.1.3 Perfil dos lagos em Arafat

Como já foi referido, é isto que as pessoas em Arafat distinguem como charcos na época das chuvas:

Foto 16: Inundações em Arafat após a **estação das chuvas de 2022 (fonte: Autor 2023)**

Inundações em Arafat em agosto de 2022.	inverno em Arafat em 2022

7.1.3 Características paisagísticas das lagoas de Arafat

Profundidade máxima da água medida em média nos 2 charcos inventariados:
O a 1 m com água salobra.

Profundidade das piscinas sazonais em Arafat: 0,2 m

Solo à volta dos lagos: areia e argila com conchas,

Condutividade média mais elevada, registada em novembro de 2023 nas 2 piscinas: 280 µs/cm, com temperaturas que variam entre 28 e 31 graus.

PH: O pH médio varia entre 8,5 e 9,

Resíduos antropogénicos: abundância de entulho e de resíduos nos baixios das lagoas.

Vida aquática nos 2 lagos: Nenhum

Biodiversidade: várias pessoas referiram a existência de rãs,

Espécies invasoras: Waterloti à volta dos lagos,

Utilização observada dos lagos: banho de crianças de rua, refrescamento de cães vadios,

Saneamento: operações de camiões-cisterna durante o armazenamento de inverno.

7.1.4 Tipologia dos charcos de DAR NAIM: BAIXA E ENTRE 2 DUNARES

O número excecionalmente elevado de lagos de Dar Naim em Nouakchott deve-se a vários factores:

- O primeiro fator reside na própria morfologia de Nouakchott, onde a zona de Dar Naim se situa numa área geográfica definida na toponímia local como uma "Teyarette", ou seja, um "Gawd" plano entre dois montes de areia. Esta Teyarette é o prolongamento a norte do local do antigo aeroporto e, por conseguinte, dos poços ou oglats de Nouakchott no passado.

- Toda a zona baixa de Dar Naim, desde o antigo aeroporto, a oeste, até ao norte do cruzamento "Ould Badou", está situada a uma altitude entre 0 e 2 metros acima do nível do mar. Era nesta zona que se situavam os antigos charcos de Nouakchott, tal como descritos pelos franceses em 1903, aquando da criação do posto de Nouakchott: "Do mar... sobe-se uma alta duna estabilizada por uma areia avermelhada e desce-se para **um vale de fundo esbranquiçado** (um Teyarette) onde se escavam os poços de Nouakchott. São escavações rudimentares onde a água estagna, em pequenas quantidades, a três ou quatro metros de profundidade" (segundo as pessoas entrevistadas que viveram a criação do posto de Nouakchott, o último poço (oglat) tinha 3 metros de profundidade, no limite do perímetro norte da antiga vedação do aeroporto, nos arredores de Dar Naim). Em 1923, Théodore Monod também afirmou que: "Vários oglats (poços) desmoronaram-se e são utilizados como bebedouros por javalis e chacais... logo que se cava um poço, a água aparece num nível onde abundam as conchas".

- Os dois montes arenosos situados a leste e noroeste favorecem a infiltração subterrânea na bacia central do Dar Naim. Além disso, a vegetação que estabilizava estas dunas e regulava a infiltração através das raízes das plantas desapareceu completamente sob o impacto da urbanização. Mesmo a cintura verde construída nos anos 80 não foi poupada, tendo praticamente desaparecido.

- Finalmente, de 1983 a 2003, todas as zonas baixas de Dar Naim foram objeto de uma extração incontrolada de moluscos e de areia para a construção, o que provocou uma subida contínua do nível do lençol freático. E com a mínima chuva, este lençol freático favorece a formação de charcos e poças, difíceis de limpar.

7.2.2 Inventário preliminar das lagoas de Dar Naim novembro de 2023

Contrariamente às outras comunas, o inventário dos charcos de Dar Naim demorou três semanas a ser efectuado, tendo em conta o afloramento geral de charcos em toda a comuna. Algumas pessoas pensaram que havia muito mais charcos nas comunas da orla marítima (El Mina, Sebkha e Tevragh Zeina), mas isso sem ter em conta a topografia muito baixa de Dar Naim e a descaraterização da sua paisagem pelos vendedores de areia e de conchas, o que levou a que mais de uma centena de charcos fossem inventariados. No mapa de inventário dos charcos de Dar Naim, é possível ver o grande charco de 10 hectares, com água perene durante todo o ano, e o conjunto de outros charcos secundários a nordeste do antigo aeroporto. As pessoas habituaram-se a esta paisagem pantanosa, embora algumas famílias tenham simplesmente abandonado as suas casas ou concessões, que foram invadidas pela água. O município de Dar Naim calcula que, só em 2022, 350 famílias abandonaram as suas casas.

Fotos 17 da série : Paisagens de casas e concessões abandonadas ao sal e ao lixo em Dar Naim (fonte: Autor 2023) :

Fotos 18 da série: Vestígios das vedações das casas abandonadas ao sal e ao lixo em Dar Naim (fonte: Author 2023)

Localização: Lagoas 18 a 25 em Dar Naim

➢ Nome da cidade : Dar Naim

➢ Coordenadas geográficas: Latitude: 18:5:49.92

Longitude: -15 :56 :15,936

➢ Data : 17/11/2023Hora : 10h15

➢ Nome da equipa Leerg: Equipa Dar Naim

Mapa 8: Inventário preliminar dos charcos de Dar Naim em novembro de 2023 (fonte: Leerg sobre o programa de investigação Waca 2023/2024)

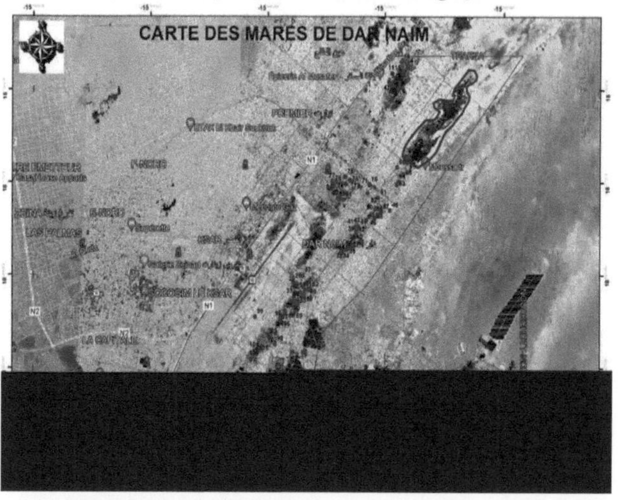

Coordenadas das lagoas de Dar Naim, que contêm o maior número de lagoas em Nouakchott, apesar de não ser um município costeiro:

Número	Longo	Lat
1	-15,92287	18,1349
2	-15,91708	18,13571
3	-15,91777	18,13649
4	-15,91368	18,13955
5	-15,91523	18,13567
6	-15,91538	18,13591
7	-15,91555	18,13647
8	-15,91573	18,13507
9	-15,91712	18,13294
10	-15,91708	18,1328
11	-15,91703	18,13813
12	-15,91525222	18,14277722
13	-15,91477	18,14074111
14	-15,91505	18,14034
15	-15,91703	18,13813
16	-15,92197	18,11655
17	-15,93769	18,09376444
18	-15,9377	18,09371
19	-15,9383	18,09316
20	-15,93807	18,09402278
21	-15,93905	18,09384
22	-15,93843	18,09411
23	-15,93837	18,09486
24	-15,93817	18,0956

25	-15,93776	18,0972
26	-15,93855889	18,09777
27	-15,93609	18,10149
28	-15,92833278	18,10442333
29	-15,92822	18,1034
30	-15,92786	18,10365
31	-15,92802	18,10319
32	-15,92765	18,10397
33	-15,92802	18,10319
34	-15,92676	18,10398
35	-15,92672	18,10431
36	-15,92538444	18,10492
37	-15,9259	18,10474
38	-15,92679	18,10539
39	-15,92475444	18,10781
40	-15,92518	18,10637
41	-15,925	18,10835
42	-15,92474	18,10729
43	-15,92441	18,10861
44	-15,92433	18,10824
45	-15,92256	18,10973
46	-15,922	18,11042
47	-15,91708	18,13571
48	-15,91743333	18,11157
49	-15,92048	18,11203778
50	-15,92066	18,11201
51	-15,92002	18,11407
52	-15,92204889	18,11248
53	-15,93609	18,09475
54	-15,93679	18,09484
55	-15,93712	18,09529
56	-15,93702	18,09561
57	-15,93646	18,09889778
58	-15,9361	18,0955
59	-15,93601	18,09605
60	-15,93531	18,09628
61	-15,93504	18,09613
62	-15,93483	18,0962
63	-15,91593	18,11651
64	-15,91563	18,11712
65	-15,91450778	18,11857389
66	-15,91593	18,11987
67	-15,91371	18,12085

68	-15,91321	18,12166
69	-15,91395	18,12205
70	-15,92227	18,11492
71	-15,92406	18,11623
72	-15,92715667	18,11673
73	-15,92579	18,11707
74	-15,92618	18,11737
75	-15,92728	18,11805
76	-15,92936	18,1172
77	-15,9301	18,1172
78	-15,92991	18,11675
80	-15,93053	18,11585
81	-15,92975556	18,11495
82	-15,928905	18,11391
83	-15,92847	18,1137
84	-15,92761	18,11366
85	-15,92075	18,11007
86	-15,92013	18,11075
87	-15,9194	18,11122
88	-15,93769	18,09218
89	-15,93831028	18,09156
90	-15,93885	18,09148
91	-15,94032194	18,09161
92	-15,94046	18,09212
93	-15,94137333	18,09080444
94	-15,94133	18,09074
95	-15,94118	18,09052
96	-15,94105	18,08993
97	-15,94156	18,08992
98	-15,94252889	18,08567
99	-15,94688	18,09092444
100	-15,94766778	18,08284
101	-15,94237	18,08776
102	-15,94345333	18,08765
103	-15,94358	18,08711
104	-15,94601	18,08445833
105	-15,94648	18,08385
Grande Égua	-15,905151	18,13113

7.1.5 Perfil dos lagos de Dar Naim

A zona sudoeste de Dar Naim, que nos anos da independência era conhecida como a "zona dos poços de Nouakchott", transformou-se atualmente em bairros densamente povoados, com poças de água para as quais não há solução e muito menos ligação à rede de esgotos. Assim, algumas casas foram abandonadas, ou as famílias forçadas a fugir devido à intrusão da água refugiam-se noutros bairros, pelo menos durante a estação das chuvas. A precariedade dos bairros de Dar Naim, rodeados de charcos, é notória, e os riscos que a população corre são a eletrocussão, os maus cheiros, as doenças de origem hídrica, etc. Perante esta situação, as autoridades locais não dispõem de recursos, nomeadamente em matéria de saneamento, apesar do apoio do Estado sob a forma de camiões-cisterna da ONAS durante a estação das chuvas. Durante o inventário, as pessoas que vivem perto dos charcos de Dar Naim deram-nos o seu próprio perfil dos charcos, que, no entanto, têm as suas próprias realidades no terreno. De acordo com as famílias entrevistadas, existem :

- As lagoas domésticas, situadas nos pátios das casas, cujo nível de água é mais elevado durante a estação das chuvas.

- As poças nos becos são atenuadas pelos moradores dos bairros, colocando grandes pedras à superfície da água, para facilitar a circulação pedonal entre bairros. No entanto, estas famílias lamentam a inacessibilidade das suas casas durante os meses de inverno pelos meios de transporte normais, mesmo as carroças.

- As grandes lagoas definidas (nomeadamente na periferia do antigo aeroporto) pela população local como lagoas que nunca secam, por mais que o Estado e o município as encham. Estas lagoas são um refúgio para tudo: cães vadios, lixeiras, sais, vias de fuga para delinquentes, e mesmo abrigos para crianças de rua, etc.

Segundo o ONAS, a bombagem e o aterro tiveram um efeito positivo, secando algumas lagoas do bairro e reduzindo o nível das fossas sépticas, tal como noutras comunas de Nouakchott, nomeadamente as da orla marítima.

7.1.6 Características paisagísticas das lagoas de Dar Naim

Profundidade máxima da água medida em média em 5 lagoas inventariadas: O
a 0,7 m com água salobra e ligeiramente salobra.

Profundidade das lagoas de invernada em Dar Naim (novembro de 2023):
0.1 m

Solo em redor das piscinas: argila de concha a argila arenosa; lama em algumas piscinas

Condutividade média mais elevada, registada em novembro de 2023 nas 5 lagoas: 250 μs/cm, com temperaturas que variam entre 28 e 32 graus.

PH: O pH médio varia entre 8 e 9,

Resíduos antropogénicos: abundância de entulho e de resíduos domésticos nos baixios das lagoas,

Vida aquática nas 5 piscinas: Algas observadas em algumas piscinas,

Biodiversidade: nenhuma

Espécies invasoras: Typha morta em 2 lagoas

Utilização observada dos charcos: cães vadios,

Saneamento: operações de camiões-cisterna durante o armazenamento de inverno.

É de notar que o fundo da maior parte das lagoas de Dar Naim é argiloso com margens lamacentas. Verificou-se igualmente que, quanto mais se avança em direção às dunas de Dar Naim, menor é a quantidade de bolhas de sal. Por último, foi encontrado material lítico na zona da grande lagoa.

7.1.7 Tipologia dos lagos em TEYARETT

Teyarett é uma extensão contínua da antiga zona de Ksar, que, com o crescimento urbano, viu afluir uma população heterogénea, concentrada primeiro no Gowd e depois espalhando-se em direção às dunas do norte. As zonas baixas da comuna confinam a norte com a antiga vedação do muro do aeroporto, quase se limitando aos limites das chamadas zonas industriais. No interior destes perímetros industriais privados, encontram-se diversos charcos, com intercalações de areia e de argila. Na parte noroeste do concelho, existem dunas continentais fortemente compactadas pelo tráfego automóvel, deixando pouco espaço para o aparecimento de lagoas.

7.1.8 Inventário preliminar das lagoas de Teyarett novembro de 2023

O inventário das lagoas de Teyarett distingue entre :

- As lagoas da parte baixa da comuna, que se enchem durante a estação das chuvas,
- Piscinas interdunares.
- A proliferação de pedreiras de areia e de aluvião levou também ao aparecimento de lagoas artificiais.

A primeira categoria de charcos é caracterizada por depósitos evaporíticos com a presença de detritos de conchas e de argila. Quanto às piscinas interdunares, a água não é aflorante, mas a sua presença subterrânea é evidenciada pela humidade da camada superficial arenosa. Por fim, existem as lagoas artificiais, que se limitam às zonas onde foram escavadas pedreiras não autorizadas na comuna. Os seus buracos podem encher-se durante as chuvas fortes, mas, devido à permeabilidade da areia, a água infiltra-se rapidamente, deixando apenas alguns vestígios de terra húmida.

Mapa 9: Inventário preliminar dos charcos de Teyarett em novembro de 2023 (fonte: Leerg sobre o programa de investigação Waca 2023/2024)

Num	Lat	Long
1	18,13824	-15,92386
2	18,12851	-15,93614
3	18,12914	-15,93505
4	18,12912	-15,93455
5	18,14602	-15,92161
6	18,15676	-15,9119

7.1.9 Perfil das lagoas de Teyarett

As piscinas de Teyarett têm entre 1 e 2 metros de altura, ou mesmo 2,5 metros nos picos das dunas. Estão geralmente situadas em depressões ou entre duas dunas. É claro que a morfologia da comuna permite identificar sedimentos de origem marinha nas depressões, que são provavelmente o resultado de transgressões marinhas. De um modo geral, as depressões da comuna de Teyarett estão a secar progressivamente devido à urbanização, à dinâmica dos ventos e à evaporação. A concentração de lixo nas piscinas é tal que a superfície da água já não se distingue, como na fotografia abaixo:

Foto19 : Afloramento de lagoa à Teyarett mas submerso pelo lixo (fonte: Auteur 2023)

/Coordenadas geográficas: Laltutide:18:7:39,468 Longitude:-15:56:0,276/Date:05/02/2024. 17h:28

7.1.10 Características paisagísticas das lagoas de Teyarett

Profundidade máxima da água medida em média em 2 lagoas inventariadas: 0,5 m a 0,8 m com água ligeiramente salobra.

Profundidade máxima das poças de invernada em Teyarette (novembro de 2023): 0.1 m

Solo à volta dos lagos: areia, argila, depósitos aluviais

Condutividade média m a i s e l e v a d a, registada em novembro de 2023 nas 2 piscinas: 262 µs/cm, com temperaturas que variam entre 29 e 33 graus.

PH: O pH médio varia entre 7,9 e 9,

Resíduos antropogénicos: abundância de resíduos domésticos,

Vida aquática nas 5 lagoas: Não foram observados seres vivos,

Biodiversidade: nenhuma

Espécies invasivas: por vezes Waterlotti

Utilização observada das lagoas: lixeiras,

Saneamento: nenhuma ação comunicada pelos residentes locais.

8 TIPOLOGIA DAS LAGOAS DE NOUAKCHOTT NAS COMUNAS DAS MARGENS CONTINENTAIS E COSTEIRAS (TOUJOUNINE, RIADH E KSAR) AREIA E MARISCO

Comunas das margens continentais e litorais de Nouakchott :

Nome do município	caracterizado como	Área de superfície em Km2	População 2021
RIADH	Urbano	23	121 000
TOUJOUNINE	Urbano	27	146 000
KSAR	Urbano	18	57 000

Em Nouakchott, os limites das dunas continentais e a sua interferência com a zona marinha conquilícola são realmente evidentes nestas três comunas. De facto, estas comunas apresentam vastas paisagens caracterizadas pela presença de conchas sobre as dunas e sob as dunas, e por areias brancas, vermelhas e beges. E entre os seus espaços dunares, zonas baixas com charcos variáveis, consoante os níveis topográficos. Os charcos destes baixios são particularmente caracterizados pelas suas margens dunares brancas ou beges sobre uma base areno-argilosa, como mostra a foto abaixo. Devido à especificidade destas poças (que emergem das dunas), os geomorfólogos designam-nas por **poças das margens continentais e costeiras.**

Foto 20: Lagoa do Tarhil com margens continentais e costeiras

No entanto, na comuna de Ksar, a morfologia é muito marcada por argila continental salpicada de restos de conchas, que faziam as delícias dos pedreiros aquando da construção das vias urbanas de Nouakchott, cidade que acabava de surgir em 1958.

8.1 TIPOS DE LAGOAS NOS MUNICÍPIOS COM MARGENS CONTINENTAIS E COSTEIRAS: AREIA E CONCHAS

No início de certas lagoas destas comunas, temos o tríptico, antes de mais, das pedreiras, que escavavam para : Areia + conchas + tudo = lagoa de afloramento definitivo (S + C + T = M); quer pela subida do lençol freático, quer pela acumulação de águas pluviais.

Fotos 21 da série : No início de uma lagoa artificial em Nouakchott, exploramos : S (areia) + C (marisco) + T (resíduos) = MARÉ FLUTUANTE quando o mar sobe sazonalmente ou quando chove pela primeira vez.

8.1.1 Tipologia dos lagos em RIADH

A comuna de Riad é constituída por sebkhas pouco profundas e zonas baixas, com alternância de superfícies de água salobra que variam em função da pluviosidade e dos factores hidrostáticos. A subida sazonal do nível freático, a salinidade das águas (salobras ou salgadas) e o assoreamento conferem à comuna de Riad paisagens típicas de uma zona de margens continentais e litorais. Estes factores resultam numa topografia constituída por solos argilo-calcários, lagoas, sebkhas e dunas, de acordo com o zonamento do município. Geomorfologicamente, a comuna divide-se em duas zonas:

- A zona ocidental que confina com L'Aftout Essaheli, com sebkhas e zonas baixas de argila e conchas a uma altitude de 0 a 2 metros (foto 20).

- A parte oriental, na orla do erg Trarza, com complexos dunares e planícies argilosas a altitudes de 1 a 3 metros.

Fotos 22 em série: com (A e B): Tipo de charco na zona limítrofe de L'Aftout(A) e Tipo de charco na zona limítrofe da Orla continental de Trarza(B)

A: B :

Na altura, em 1990, para satisfazer as necessidades de construção das famílias da jovem comuna, os habitantes, muito pobres, não hesitaram em desbravar o máximo de terreno possível, aqui e ali, por vezes mesmo no meio da rua, em busca das conchas e da areia necessárias para construir as suas casas. A escavação constante por todo o lado deu origem a uma paisagem desfigurada em Riade, com campos escavados e afloramentos de piscinas interdunares.

Foto 23: Lagoa com fundo de areia na duna de Riad :

8.1.2 Inventário preliminar das lagoas de Riad novembro de 2023

O mapa da comuna de Riadh mostra claramente a interferência entre as dunas e os baixios conquícolas. O charco central de Tarhil situa-se no coração da zona recentemente urbanizada da comuna. Aplicámos um questionário Um questionário rápido foi enviado às pessoas que vivem nas proximidades do charco e um resumo deste questionário foi compilado com o objetivo de avaliar as percepções das pessoas sobre o charco. Os agregados familiares entrevistados e que vivem nas proximidades do charco têm opiniões divergentes, com as seguintes opiniões

- "O charco deve ser preenchido pelo Estado e os seus lotes atribuídos aos seus beneficiários".

- "Os que cavaram a lagoa devem ser castigados" (alusão aos vendedores de areia)

- "A lagoa é obra de ALLAH, e todos nós pertencemos a Deus".

- "A lagoa de Riad é uma zona de lixo e envenena as nossas vidas, especialmente porque as crianças tomam banho lá todos os dias".

Alguns dos agregados familiares inquiridos não responderam.

Por outro lado, ao interrogarmos um certo número de trabalhadores informais (carroceiros, marisqueiras, manipuladores, plantadores administrativos) e suas famílias nas imediações do charco, pudemos constatar as seguintes impressões, cruzando as observações dos utilizadores e do público que frequenta o charco:

OS SENTIMENTOS DOS UTILIZADORES DA LAGOA :

Tendo como referência a visão do Presidente da Câmara de Riad para o charco, e interrogando os utilizadores que vêm desfrutar da frescura do charco (porque a sua imponente massa de água atrai um público ao fim da tarde, especialmente num dia quente), considerou-se que o charco de Riad e o seu direito de passagem poderiam ser mais desenvolvidos, especialmente para um público bem informado que deseja encontrar uma ilha ambiental no meio da selva urbana. Alguns dos utilizadores que encontrámos no local queriam um mínimo de infra-estruturas, como bancos públicos em frente ao charco, espaços verdes e até um serviço de fast-food.

Categorização dos utilizadores do charco de Riad: Práticas observadas dos utilizadores do charco de Riad:

	Num grupo
Caminhada/caminhada/caminhada	De carro e depois a pé
	Jogging e exercício em casal
Desporto	As crianças locais jogam futebol todas as tardes em frente à lagoa
	Crianças com bicicletas
	futebol familiar
Sentado a contemplar a lagoa	supervisão de crianças
	contemplação da paisagem aquática e da dunas em redor
	Alguns atiraram pedras à água
	Piquenique nas margens da lagoa
À volta da lagoa	Chá na duna junto à lagoa
	Observação de aves
	Crianças a nadar na lagoa
Visita espontânea	contemplativo
	maravilha
	Ventiladores de água
	com a sua família
Outros	fotografias com fundo de paisagem da lagoa

As actividades recreativas informais em torno do charco de Riad podem ser classificadas da seguinte forma. Existem utilizações essencialmente itinerantes, como o passeio a pé ao longo das margens do charco, o jogging e a degustação de chá, sobretudo no cimo das dunas e na margem do charco, bem como actividades desportivas e passeios de bicicleta, sobretudo para os jovens da vizinhança. Assim, a lagoa de Riad tem um perfil ligado a um certo número de actividades de lazer e desportivas para os habitantes da cidade. Pode dizer-se que os habitantes vivem e respiram o seu charco, ao contrário do resto da população dos bairros de Nouakchott.

Mapa 10: Inventário preliminar dos charcos de Riad em novembro de 2023 (fonte: Leerg sobre o programa de investigação Waca 2023/2024):

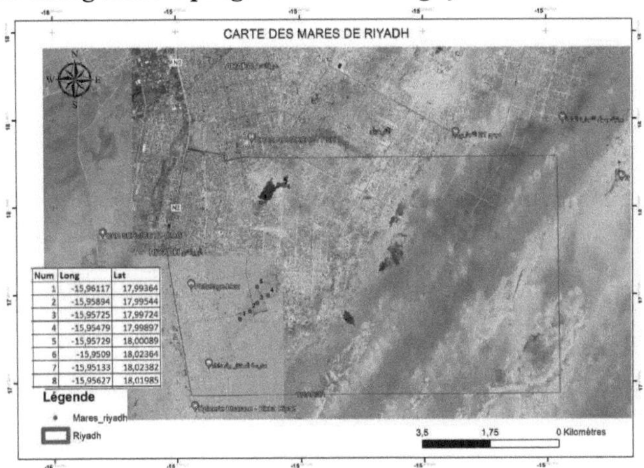

Num	Long	Lat
1	-15,96117	17,99364
2	-15,95894	17,99544
3	-15,95725	17,99724
4	-15,95479	17,99897
5	-15,95729	18,00089
6	-15,9509	18,02364
7	-15,95133	18,02382
8	-15,95627	18,01985

No centro do mapa, pode ver-se a lagoa de Tarhil e a quantidade de água que contém, num ambiente de dunas.

8.1.3 Perfil dos lagos de Riad

A comuna de Riadh apresenta uma imagem em miniatura de todos os tipos de lagoas de Nouakchott: lagoas de sebkhas, lagoas interdunares, lagoas de origem pluvial, etc. Isto dá à comuna vários perfis típicos de lagoas. Isto dá ao município vários perfis típicos de lagoas: **Perfis: A, B, C, D, E, e F e fotos 24 em série:**

Perfil A: Seccionamento da lagoa de Tarhil para aumentar a sua biodiversidade: como por exemplo em F North (em 1 abaixo); ou desenvolvimento de Krill na lagoa de Tarhil (pequenos vermes a vermelho em 2 abaixo):

1: Lagoa da biodiversidade (as últimas notícias são de que a lagoa foi preenchida por promotores imobiliários/junho de 2024, a não ser que o governo consiga arranjar-lhes um terreno noutro local/despedida das galinhas-d'angola).**2: Lagoa de krill**

O Krill (foto em 2) desenvolvido no tanque experimental, pode favorecer a residência de aves sazonais, bem como de outras espécies aquáticas. O krill refere-se a um grupo de pequenos organismos vivos (aqui representados a vermelho na foto no fundo do lago) que fornecem alimento a muitas espécies aquáticas, incluindo peixes marinhos e aves. Alguns biólogos marinhos consideram o krill como uma das bases da cadeia alimentar em águas salobras. Pode, portanto, ser um componente fundamental dos ecossistemas para a biodiversidade de certas lagoas de Nouakchott.

Perfil B: Lagoa abandonada pelos comerciantes e incómodo para os habitantes da cidade de Riad :

Perfil C: Lagoa poluída mas utilizada para banhos pelas crianças em Riad e com a sua felicidade:

Perfil D: Lagoa bombeada desde 2020 sem fim, e dor de cabeça para o ONAS e a engenharia militar, que tanto bombearam para o mar e continua (ao fundo as motobombas instaladas pelas duas instituições):

Perfil E: Lagoas de lixo e um conjunto habitacional em Tarhil: à espera que o nível da água baixe e que os empreiteiros comecem a construir (numa zona de alto risco):

Perfil F: Lagoa com vegetação halófila e locais de repouso para aves trabalhadores sazonais ou migrantes para Tarhil :

8.1.4 Características paisagísticas dos charcos de Riad

Profundidade máxima da água medida em média em 2 lagoas inventariadas :

O a 0,8 m com água salobra e ligeiramente salobra.

Profundidade das lagoas de invernada em Riadh (novembro de 2023): 0.5 m

Solo em redor dos lagos: solos arenosos a argilo-calcários

Condutividade média m a i s e l e v a d a, registada em novembro de 2023 nas 5 lagoas: 230 µs/cm, com temperaturas que variam entre 29 e 32 graus.

PH: O pH médio varia entre 7,8 e 8,

Resíduos antropogénicos: resíduos domésticos e óleos usados nos baixios das lagoas,

Vida aquática nas 5 lagoas: aves marinhas e Krill n a lagoa 9

Biodiversidade: plantas halófilas, libélulas, borboletas, lagartos,

Espécies invasoras: Waterlotti bastante presente mas não muito disseminada

Utilização observada dos lagos: cães vadios, gatos, crianças a tomar banho, fugas à volta dos lagos em tempo quente.

Saneamento: Bombagem da ONAS desde 2019, com paragem contínua em novembro de 2023. O agente do ONAS que encontrámos no local não forneceu quaisquer dados sobre os volumes bombeados ou os resultados. No entanto, em 2015, o Ministério da Hidráulica fornece os seguintes dados relativos à bombagem na lagoa de Atoit, entre Sebkha e Tevragh Zeina:

- Volume de água bombeada da lagoa ATOIT em 2015: 6 milhões de m3.

- Evacuação, foram instaladas 3 electrobombas (caudal 100m3/h e HMT 60m), inicialmente previstas para bombagem no Ksar.

- Substituição das bombas eléctricas por quatro bombas mais potentes de 240m3/H - HMT 60m.

- Bombear 5 horas por dia, exceto aos fins-de-semana,

- Como resultado, o nível da lagoa desceu 0,5 m, mas quando a bombagem foi interrompida durante 11 dias devido a problemas técnicos, o nível da lagoa subiu 0,1 m.

Em termos de superfície de água, o lago de Atoit é semelhante ao lago de Tarhil. Note-se que o fundo dos três charcos de Riad é constituído por areia.

8.1.5 Tipologia dos lagos em TOUJOUNINE

As lagoas são quase inexistentes em Toujounine devido à sua situação geográfica e ao relevo dunar. No entanto, existem depressões (Gowd), como no vale que vai da Route de l'Espoir até à estação terrestre. Estas depressões são rodeadas por maciços dunares alinhados paralelamente aos ventos dominantes (nordeste, sudoeste). Com a intensa atividade eólica em Toujounine, as depressões expõem o leito rochoso, que fica encharcado durante os meses de inverno, mas não gera poças significativas. Nos pontos baixos do subtrato, observam-se depósitos de conchas resultantes de transgressões marinhas do Quaternário, bem como camadas superficiais areno-argilosas.

8.1.6 Inventário preliminar das lagoas de Toujounine novembro de 2023

Esta fotografia do Google 2014 mostra claramente uma das zonas de baixa pressão em Toujounine, na área da estação terrestre. Durante as chuvas fortes, esta depressão pode gerar piscinas sazonais.

Mapa 11: Inventário preliminar dos charcos de Toujounine em novembro de 2023 (fonte: Leerg sobre o programa de investigação Waca 2023/2024)

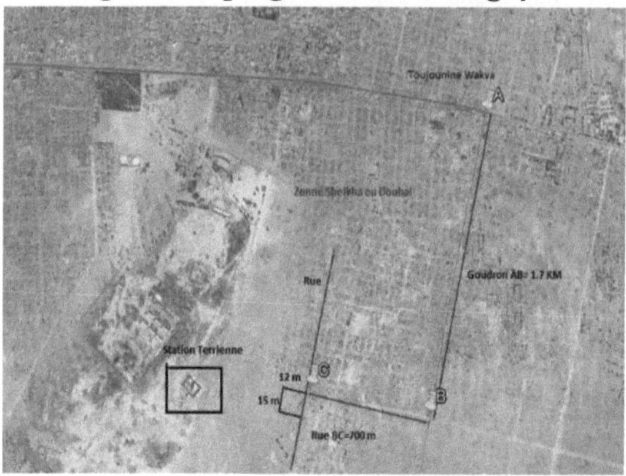

Convém recordar que Toujounine é a mais continental das comunas de Nouakchott e que, quando o mar inundou Chott Boll em dezembro de 1984 (subindo até 63 km de Nouakchott através do Essahéli Aftout), o governador de Nouakchott previu na altura a deslocação das populações de El Mina e Sebkha. A comuna é também a que apresenta as maiores altitudes, com cotas que podem atingir os 5 m (ver mapa das altitudes de Nouakchott no início deste relatório. Atualmente, com Tarhil, o município vai acolher várias famílias, o que irá aumentar ainda mais a sua população urbana.

8.1.7 Perfil das lagoas de Toujounine

É mais provável que o perfil de Toujounine seja um perfil das depressões interdunares, o que exige mais investigações no terreno nesta comuna.

8.1.8 Características paisagísticas dos charcos de Toujounine

Na paisagem da comuna de Toujounine, as depressões interdunares devem ser vigiadas, nomeadamente em caso de inundações excepcionais e no contexto das alterações climáticas. Se o acompanhamento for efectuado, será necessário determinar se as depressões de Toujounine passaram por fases lagunares ou por solos lacustres. A presença de Zygophyllum waterlotii no Gowd de Toujounine é um sinal da presença de solos halomórficos, que estão geralmente sob o efeito da cunha salina. Esta planta também prolifera ao nível das dunas, formando pequenos montes na sua proximidade.

8.1.9 Tipologia dos lagos no KSAR

O Ksar é o embrião fundador de Nouakchott e foi erigido em 1903, com a criação da cidade. No entanto, devido à localização do núcleo da cidade, no meio de uma bacia interdunar, o aglomerado urbano foi destruído pelas inundações fluviais de 1950/1951. Os poços tradicionais da cidade de Nouakchott são escavados nesta bacia, perto do atual "Hospital da Mãe e da Criança". A SNDE, que gere atualmente a concessão que contém estes poços, tem dificuldade em controlar as águas subterrâneas provenientes destas escavações. Os principais charcos da comuna situam-se em torno desta zona e nos terrenos do antigo aeroporto. Devido à densidade urbana, muitos charcos estão submersos por instalações ligadas a actividades económicas e industriais (garagens, fábricas, etc.). Na zona conhecida como as garagens, os charcos alternam com resíduos mecânicos e derrames de óleo. As equipas tiveram dificuldade em distinguir claramente os contornos das lagoas.

8.1.10 Inventário preliminar das lagoas do Ksar novembro de 2023

No mapa, o alto Ksar é constituído por zonas dunares com moradias, habitações e administração, nomeadamente os bairros de Château d'Eau e os locais de vários projectos. A oeste do antigo aeroporto, situa-se o baixo Ksar, com altitudes que variam de 0 a 1,5 metros.

Mapa 12: Inventário preliminar dos charcos do Ksar em novembro de 2023 (fonte: Leerg sobre o programa de investigação Waca 2023/2024):

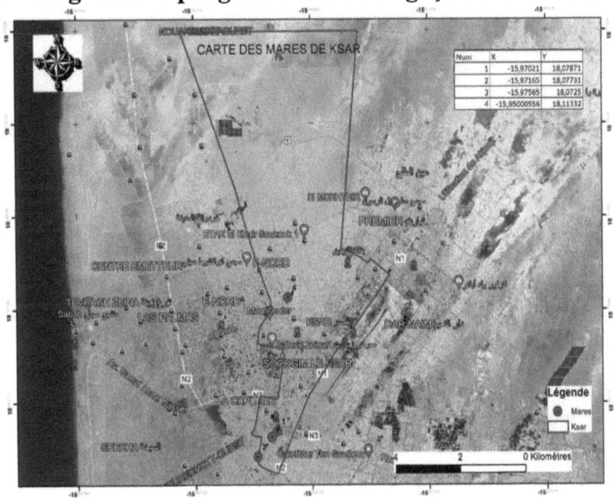

8.1.11 Perfil das lagoas do Ksar

Vários charcos do Ksar foram enchidos ou evacuados, quer pelos engenheiros militares, quer pela ONAS, quer pelo projeto chinês. No entanto, apesar de todos estes esforços, algumas lagoas reapareceram depois de todas estas acções, nomeadamente as lagoas que confinam com o Ksar e Dar Naim, bem como noutras zonas, nomeadamente em Tevragh Zeina, na grande lagoa conhecida como a lagoa da embaixada (foto abaixo).

Foto 25: Lagoa que reaparece na zona da embaixada em Nouakchott após Bombagem chinesa e ONAS abril de 2024 :

8.1.12 Características paisagísticas das lagoas do Ksar

Profundidade máxima da água medida em média em 2 lagoas inventariadas:

O, 5 a 0,8 m com água salobra.

Profundidade das lagoas de invernada no Ksar (novembro de 2023): 0.8 m

Solo à volta dos lagos: solo argiloso com teor de areia

Condutividade média mais elevada, registada em novembro de 2023 nas 2 piscinas: 225 µs/cm, com temperaturas que variam entre 28 e 32 graus.

PH: O pH médio varia entre 7 e 9,

Resíduos antropogénicos: lixo de garagem e óleo usado nos baixios das lagoas,

Vida aquática nas 2 lagoas: nenhuma

Biodiversidade: Tamarix, calotropis,

Espécies invasoras: Typha nos lagos de Bagdade (Socogim)

Utilização observada das lagoas: lixeiras

9 QUESTÕES FUNDIÁRIAS E ADAPTAÇÃO DE EDIFÍCIOS SOBRE PALAFITAS EM NOUAKCHOTT

9.1 Propriedade fundiária dos lagos em Nouakchott

Um habitante de Nouakchott costumava dizer que "as lagoas defendem-se a si próprias", aludindo ao facto de que, nas zonas onde as lagoas afloram e quaisquer que sejam as atribuições de terras do Estado, muito poucas pessoas se atrevem a construir lá. E os que se atreveram, morderam os dedos, com o sal a subir para as suas casas. O decreto de aplicação da lei fundiária de 1983 não especifica as lagoas e os sebkhas. No entanto, há um exemplo a citar na comuna de Riadh para o charco de Tarhil: tendo em conta que o charco era emergente e interminável e que os habitantes locais não podiam aceder às suas parcelas antes de o charco começar a aflorar, o Ministério da Habitação atribuiu este charco para uso comunitário em Riadh e atribuiu aos habitantes locais outras parcelas noutras zonas.

9.2 Edifícios adaptados a lagos

O exemplo da construção da embaixada dos Estados Unidos em Nouakchott, no grande lago do bloco K Extension, é digno de nota: na foto da esquerda, vê-se a saída para a recolha de águas subterrâneas que, uma vez acumuladas sob as fundações da embaixada, são imediatamente evacuadas por um sistema de declives para um lago ao ar livre em frente das instalações da embaixada.

Fotos 26 da série : Embaixada dos EUA em Nouakchott e Adaptação da sua construção sobre lagoas e sebkhas, com escoamento, cada vez que o nível hidrostático do mar, sobe.

E foto: Construção tradicional numa lagoa no Benim, e um dia em Nouakchott? Se o nível do mar subir no contexto das alterações climáticas.

CONCLUSÕES E RECOMENDAÇÕES

Este documento sublinha a falta de dados e de estudos sobre as lagoas, os sebkhas e as zonas baixas de inundação de águas pluviais em Nouakchott. Daí a necessidade de criar, o mais rapidamente possível, um organismo? Uma unidade? Uma secção? Uma unidade? Um departamento? Um observatório? Sobre estas três unidades geomorfológicas que ameaçam a capital, e que são vitais para o acompanhamento do litoral mauritano, num contexto de alterações climáticas. As recomendações que se seguem devem ser implementadas no âmbito do projeto Waca, ou de qualquer outro projeto conhecido como: Lagoas costeiras e sebkhas na Mauritânia: (isto não pode esperar por um hipotético observatório costeiro que levará pelo menos 4 anos a ficar operacional):

- Identificar técnica e cientificamente **as piscinas de origem pluvial**

e **lagoas de origem marítima** em Nouakchott ;

- **Estudo técnico para diferenciar as lagoas e os sebkhas** de Nouakchott e arredores, nomeadamente os **sebkhas fósseis** (1908-1951) e **os sebkhas móveis,**

- Determinar as trocas subterrâneas entre as lagoas e o nível do mar em Nouakchott.

- Seleção de **lagos para a biodiversidade** em Nouakchott; necessidades de ecoturismo urbano, com um programa de plantas halófilas (absorção de sal nas folhas e ramos: Tamarix, Nitraria, etc.) que contribuem para as alterações climáticas (carbono), e **desenvolvimento de Krill** para atrair aves sazonais, e mesmo fitoplâncton.

- Seleção de **tanques com PH reduzido** (um tanque de 12 T por semana numa superfície de 1 ha) na periferia de Nouakchott (sul), para responder às necessidades da piscicultura, nomeadamente das mulheres urbanas pobres e das mulheres do litoral (Ndayatt), subempregadas desde que o peixe escasseou na capital.

- Lançar um programa para **identificar as famílias que construíram em lagos e sebkhas em risco,** em especial e urgentemente em El Mina, Sebkha, Dar Naim e Tevragh Zeina-ouest.

- Contar o número de **cidadãos em Nouakchott que perderam as suas casas** ou cercas por causa dos lagos (refugiados climáticos na capital do seu país).

- **Desenvolver as profissões dos produtores de sal no** âmbito de pequenas empresas de emprego em benefício dos vendedores de conchas e de areia dos bairros periféricos. Seleção de sebkhas para a produção higiénica de sal.

- Adotar um **programa de inventário comparativo permanente e sazonal das lagoas de Nouakchott,**

- Identificar as lagoas que já foram enchidas e instalar uma monitorização piezométrica de

águas subterrâneas e o seu **destino após o enchimento,**

- Elaborar um **mapa das piscinas de risco** em Nouakchott.

- Ponderar os prós e os contras dos desenvolvimentos previstos ao longo da costa, nomeadamente os projectos privados, os portos e os pontões, bem como as infra-estruturas previstas pela SALN e pela Meridian.

- Estudar a influência a longo prazo da :

. O sebkha de Ndrahamcha, a norte de Nouakchott, no novo aeroporto da capital,

. A rutura de Saint Louis saturará os solos da depressão de Aftout Essahéli e poderá provocar inundações em direção a Nouakchott.

- Determinação **do** espaço vital das lagoas e do seu impacto local, face à urbanização.

- Identificar as zonas urbanas de Nouakchott com lagoas e pântanos semi-permanentes para a **construção em estacas** como projectos-piloto,

RECOMENDAÇÕES ADOPTADAS PELOS PRESIDENTES DE CÂMARA E PARTICIPANTES NO SEMINÁRIO DE 15/5/2024 EM NOUAKCHOTT

I. Recomendações propostas:

Desenvolver o estudo dos charcos, com o envolvimento de outros investigadores, de modo a esclarecer a origem da água nos charcos e a sua expansão:

1. Estudos sobre as sebkhas costeiras, nomeadamente as de Nouakchott, e a sua relação com as piscinas sazonais e não sazonais.
2. Cartografar mais lagoas e caracterizá-las, nomeadamente em termos da sua função hídrica,
3. Estudar soluções para desenvolver e melhorar os lagos,
4. Deslocar e indemnizar as pessoas que vivem em zonas inundadas ou em risco.
- Recenseamento geo-referenciado dos agregados familiares que vivem em zonas propensas a inundações.
- Recenseamento dos agregados familiares que já abandonaram as suas casas ou cercas (para os mais pobres) e que migraram para outros municípios com morfologia continental (refugiados climáticos).
- Declarar as zonas de risco como propriedade do Estado e inadequados para edifícios, a menos que cumpram as normas.
5. Proibir a extração de areia e de marisco no perímetro da cidade de Nouakchott,
6. Adotar um programa SIG consensual para a monitorização das lagoas (com um inventário permanente das lagoas)
7. Estudar a influência dos sebkhas, nomeadamente: Ndrahamcha e os seus riscos para o novo aeroporto de Nouakchott, e os efeitos da brecha de Saint Louis em caso de submersão pela depressão de Essahéli Aftout.
8. Dissociar o perfil dos sebkhas do perfil das lagoas de Nouakchott,
- Avaliar os riscos para todos os edifícios do litoral de Nouakchott,
- Gerir a pressão sobre a costa integrando a dimensão climática.

ALGUMAS REFERÊNCIAS BIBLIOGRÁFICAS

- Fadel M. (2024). Gouvernance littorale et changements climatiques en Mauritanie, Geografia - Universidade de Lille, NNT: 2023ULILA020, HAL id: tel-04540412, https://theses.hal.science/tel-04540412. Tese de doutoramento.
- Ministério do Ambiente e do Desenvolvimento Sustentável (2017). Plan Directeur d'Aménagement du Littoral Mauritanien (PDALM), partie d'aménagement et prescriptions et annexes [diagnóstico e plano de investimento multissectorial para a costa mauritana (2018-2022)].
- Estudos do projeto Waca, Ministério do Ambiente.
- Vernet R. & Tous P. (2004). Les amas coquilliers de Mauritanie occidentale et leur contexte paléo environnemental (VIIe-IIe millénaires BP, Préhistoires Méditerranéennes, doi: https://doi.org/10.4000/pm.111.
- Estudos LEERG (laboratório de estudos ambientais e de investigação geográfica) Universidade de Nouakchott 2021/2024.
- Experimentação com plantas halófilas nas lagoas e na faixa costeira de Nouakchott, INEM (Environmental environnemental de Mauritanie),2022/2023.
- Spécial Littoral mauritanien, número especial da revista mauritana de estudos ambientais e de investigação geográfica.
- Missão Gruvel-Chudeau 1908 de Saint Louis a Port Etienne.

APÊNDICES

APÊNDICE 1

PROFIL DES MARES A NOUAKCHOTT :

PHOTO aux 4 coins de la mare/Mare communale numéro-

1/Localisation :

- Nom de la commune :
- Coordonnées géographiques :
- Date : ----Heure--/Nom de l'Equipe LEERG—

2/Cochez l'origine de la mare :

- D'origine Marine :
- D'origine pluviale :
- Sebkha :
- D'origine anthropique par enlèvement de carrière de coquillage ou de sable :
- D'origine fuite réseau assainissement :
- D'origine réseau eau SNDE :
- Mare qui s'est créée suite à des travaux publics (construction de routes, etc.) :
- Autre :

3/Description du site de la mare : entre deux dunes, en bas-fonds, etc.

4/Information locale sur la Mare, ou auprès de la commune :

- Remblayée par le génie militaire :
- Ou remblayée par la commune :
- Ou bien par un promoteur immobilier privé :
- Ou bien Mare en cours de pompage par l'office d'assainissement (présence de motopompe) :
- Ou bien construction de maisons sur le site de la Mare :
- Ou bien Mare traversée par une route goudronnée ou piste en tout venant :
- Autre :

خصائص و مميزات المستنقعات في نواكشوط:

خذ صورة من الجهات الاربعة للمستنقعات

١/الموقع:

- إسم البلدية:...................
- الإحداثيات الجغرافية/خط الطول و العرض:.............
- التاريخ،الساعة،إسم الفريق:.............

٢/ضع العلامة على الجواب الصحيح:

- مستنقع بحري
- مستنقع مطري
- مستنقع على اساس سبخة
- مستنقع ناتج عن حفر من اجل التراب او المحار
- مستنقع ناتج عن تسريب في شبكة الصرف الصحي
- مستنقع ناتج عن تسريب مياه SNDE
- مستنقع ناتج عن اشغال عامة او بناء طرق
- أخر

٣/وصف لموقع المستنقع:بين كثبان او منخفض

٤/معلومات محلية حول المستنقع او حملها لدى مصالح البلدية

- دعم من طرف الهندسة العسكرية
- دعم من طرف البلدية
- مستنقع ناتج عن أشغال خصوصية
- مستنقع يُخفظ حاليا من طرف مكتب الصرف الصحي (إذا كان هناك آلية دفع المياه)
- منازل و دور على موقع المستنقع
- مستنقع معبور من طرف طريق الإسفلت أو مسار معبد
- أخر

1

5/Paysage visuel de la mare :

- Infestée d'ordures :
- Couverte en végétation :
- Mare toute couverte de sels :
- Mare dont la surface est totalement couverte en eau :

6/Exploitation humaine de la mare :

- Extraction du sel :
- Mare fréquentée par les enfants du quartier en baignade :
- Mare souvent utilisée comme aire de récréation et de contemplation paysagère pour citadins et ménages du quartier en mal de Nature :

7/Situation foncière :

- Mare lotie et abandonnée :
- Mare située en place publique :
- Mare en concession industrielle privée :
- Mare désignée pour abriter des bâtiments publics (par exemple, écoles, dispensaires, etc.) :
- Autre :

٥/منظر المستنقع:

- موبوءة بالقمامة
- مغطلت بالنباتات
- مغطاة بالقشور الملحية
- مستنقع مليئ بالماء

٦/الاستخدامات البشرية للمستنقع

- استخراج الملح
- مستنقع مستخدم للسباحة من طرف أطفال الحي
- مستنقع مستخدم احيانا من طرف الجوار و السكان للتأمل في المناظر الطبيعية

٧/الوضع العقاري للمستنقع

- مستنقع محطط للعمران و ترك
- مستنقع واقع في مساحة عمومية
- مستنقع واقع في مساحة خصوصية صناعية
- أخر

8/Faune aquatique observée en fonds de la mare :

- Amphibiens (comme grenouille par exemple, etc. :
- Libellules :
- Papillons :
- Autres :

9/Faune en bordure de la mare :

- Lézards :
- Vipères :
- Animaux errants (comme chiens, chats par exemple, etc.) :

10/Présence d'oiseaux :

- Oui : écrivez le nombre d'oiseaux que vous avez vu :

- Non : cochez le mot Non

11/Type de Végétation aquatique :

- Tamarix :
- Nitraria :
- Waterloti :
- Sesuvium :
- Autre :

12/ Végétation bordière de la mare :

- Euphorbes :
- Prosopis :
- Autre :

13/Sols de la mare :

- Sablo argileux :
- Argileux et coquillé :
- Sable dunaire :
- Vaseux :

OBSERVATIONS PERSONNELLES DES EQUIPES DE TERRAIN : --------------------------------------

NOMS DES ENQUETEURS +Tél : ------------------, ----------------, --------------------------, ----------------,

٨/ حيوانات بحرية قد تلاحظها في قعر المستنقع:

- برمائيات كالضفداع مثلا
- اليعسوب(الديدان)
- فراشات
- أخر

٩/حيوانات على هامش المستنقع

- سحالي
- أفاعي
- حيوانات سائبة كالكلاب و القطط

١٠/ايوجود طيور

- إذا وجدت في المستنقع طيور حدد عددها

- إذا لم تجد طيور ضع علامة لا

١١/أنواع النباتات البحرية

- الطرفة
- الگرزيم
- لميلحة
- الممتدة
- أخرى

١٢/النباتات على هامش المستنقع

- الفرنان
- اگرون لمحاده
- أخرى

١٣/التربة المستنقع

- رملية طينية
- طينية مع الصحار
- كثبات رملية
- منخفض مختلط بالطين

ملاحظات شخصية لفريق الميدان :............

ـأسماء طلاب الميدان مع أرقام الهاتف

ANEXO 2: OPERAÇÕES DE ENCHIMENTO DE CHARCOS EM DAR NAIM E ALERTA DE UM DEPUTADO SOBRE A SITUAÇÃO DOS CHARCOS EM EL MINA + VISITA DO MINISTRO DA ÁGUA ÀS ACTIVIDADES DA ONAS EM MATÉRIA DE CHARCOS

A2 : الوكالة الموريتانية للأنباء - Agence mauritanienne d'information

انطلاق عملية ردم المياه الراكدة بدار النعيم في نواكشوط الشمالية

مساءً | 6 نوفمبر 2023 4:22

A3: نائب يحذر من مخاطر صحية لمستنقع بالدار البيضاء

الأخبار (نواكشوط) حذر النائب البرلماني يحي ولد أبوبكر 29 كتبر, 2023 –

A4 : 14/11/2023 وزير المياه يزور بعض نقاط تجمع المياه في العاصمة نواكشوط

نواكشوط، حيث ستباشر الفرق الفنية التابعة للمكتب الوطني للصرف الصحي حملة زار وزير المياه إسماعيل عبد الفتاح، اليوم، عددا من نقاط تجمع المياه في العاصمة لوضع حد لهذه الظاهرة

ANNEXE 3 : EXEMPLE DE BASE DE DONNEES POUR UNE COMMUNE

ANNEXE 4 : couverture médiatique atelier 15 5 2024 :

خميس - 2024/05/16 09:51

APÊNDICE 3: EXEMPLO DE UMA BASE DE DADOS PARA UM MUNICÍPIO
ANEXO 4: COBERTURA MEDIÁTICA DO SEMINÁRIO 15 5 2024 :

نظم مختبر الدرسات البيئة والبحوث الجغرافية بتعاون مع برنامج "اوكا التابع "لوزارة البيئة عرض حول التقرير المؤقت عن خصائص المستنقعات في بلديات انواكشوط ،وحضر العرض عمد بلديات انواكشوط التسعة.

في كلمته بالمناسبة شكر الدكتور والخبير البيني السيد المختار ولد الحسن شركاء المخبر والقائمين

على مشروع "اوكا ".كما تناول الكلام السيد محمد الأمين ولد باب منسق "مشروع تنسيق المناطق

الشاطئية في غرب افريقيا فرع موريتانيا "الكلام وشكر بدوره العمد وممثلين عن كل من وزارة البيئة

والتنمية المستدامة وجيهة انواكشوط وباحثين من جامعات فرنسية كبوردو وليل والكولونيل بارداس

من إدارة الخرائط الجغرافية لمدينة انواكشوط والقائمين على الورشة و مثمنا لعملهم كما أكد حرص .المشروع على دعم هذا النوع من العروض

عمدة الرياض الأستاذ عبد الله إدريس لقى كلمة بالمناسبة شكر بدوره القائمين على الورشة ،كما تحدث عن اهم المشاكل البيئية التي تعاني منها بلديات انواكشوط

وبعد ذلك تناوب العمد على الكلام وقد اشادوا بأهمية هذه الورشة شاكرين القائمين عليها وعلى الدور

الذي تقوم بيه في مجال البيئة.

يمتد العرض ليوم واحد حضره بالإضافة إلى العمد خبراء وطلاب مهتمين.

Printed by Books on Demand GmbH, Norderstedt / Germany